北京市科学技术研究院
创新团队计划
IG201306N
项目支撑

中国社会出版社
国家一级出版社★全国百佳图书出版单位

图书在版编目(CIP)数据

物种战争之反客为主 / 黄满荣等著.
—北京：中国社会出版社，2014.12
（防控外来物种入侵·生态道德教育丛书）
ISBN 978-7-5087-4912-9

Ⅰ.①物… Ⅱ.①黄… Ⅲ.①外来种—侵入种—普及读物 ②生态环境—环境教育—普及读物 Ⅳ.①Q111.2-49 ②X171.1-49

中国版本图书馆CIP数据核字（2014）第292631号

书　　名：物种战争之反客为主
著　　者：黄满荣 等

出 版 人：浦善新
终 审 人：李　浩　　　　责任编辑：侯　钰
策划编辑：侯　钰　　　　责任校对：籍红彬

出版发行：中国社会出版社　　　　邮政编码：100032
通联方法：北京市西城区二龙路甲33号
编辑部：（010）58124865
邮购部：（010）58124848
销售部：（010）58124845
传　真：（010）58124856
网　　址：www.shcbs.com.cn
shcbs.mca.gov.cn
经　　销：各地新华书店

中国社会出版社天猫旗舰店

印刷装订：北京威远印刷有限公司
开　　本：170mm×240mm　1/16
印　　张：13
字　　数：200千字
版　　次：2015年6月第1版
印　　次：2017年4月第2次印刷
定　　价：39.00元

中国社会出版社微信公众号

顾问

致谢

防控外来物种入侵的公共生态道德教育系列丛书——《物种战争》得以付梓，我们首先感谢北京市科学技术研究院的各级领导对李湘涛研究员为首席专家的创新团队计划(IG201306N)项目的大力支持。感谢北京自然博物馆的领导和同仁对该项目的执行所提供的帮助和支持。

我们还要特别感谢下列全国各地从事防控外来物种入侵方面的科研、技术和管理工作的专家和老师们，是他们的大力支持和热情帮助使我们的科普创作工作能够顺利完成。

中国科学院动物研究所张春光研究员、张洁副研究员

中国科学院植物研究所汪小全研究员、陈晖研究员、吴慧博士研究生

中国科学院生态研究中心曹垒研究员

中国林业科学研究院森林生态环境与保护研究所王小艺研究员、汪来发研究员

中国农业科学院农业环境与可持续发展研究所环境修复研究室主任张国良研究员

中国农业科学院植物保护研究所张桂芬研究员、周忠实研究员、张礼生研究员、王孟卿副研究员、徐进副研究员、刘万学副研究员、王海鸿副研究员

中国农业科学院蔬菜花卉研究所王少丽副研究员

中国农业科学院蜜蜂研究所王强副研究员

中国农业大学农学与生物技术学院高灵旺副教授、刘小侠副教授

国家粮食局科学研究院汪中明助理研究员

中国检验检疫科学研究院食品安全研究所副所长国伟副研究员

中国疾病预防控制中心传染病预防控制所媒介生物控制室主任刘起勇研究员、鲁亮博士、刘京利副主任技师、档案室丁凌馆员、微生物形态室黄英助理研究员

中国食品药品检定研究院实验动物质量检测室主任岳秉飞研究员、中药标本馆魏爱华主管技师

北京林业大学自然保护学院胡德夫教授、沐先运讲师、李进宇博士研究生、纪翔宇硕士研究生

北京师范大学生命科学学院张正旺教授、张雁云教授
北京市天坛公园管理处副园长兼主任工程师牛建忠教授级高级工程师、李红云高级工程师
北京动物园徐康老师、杜洋工程师
北京海洋馆张晓雁高级工程师
北京市西山试验林场生防中心副主任陈倩高级工程师
北京市门头沟区小龙门林场赵腾飞场长、刘彪工程师
北京市农药检定所常务副所长陈博高级农艺师
北京市植物保护站蔬菜作物科科长王晓青高级农艺师、副科长胡彬高级农艺师
北京市水产科学研究所副所长李文通高级工程师
北京市水产技术推广站副站长张黎高级工程师
北京市疾病预防控制中心阎婷助理研究员
北京市农林科学院植物保护环境保护研究所张帆研究员、虞国跃研究员、天敌研究室王彬老师
北京市农业机械监理总站党总支书记江真启高级农艺师
首都师范大学生命科学学院生态学教研室副主任王忠锁副教授
国家海洋局天津海水淡化与综合利用研究所王建艳博士
河北省农林科学院旱作农业研究所研究室主任王玉波助理研究员
河北衡水科技工程学校周永忠老师
山西大学生命科学学院谢映平教授、王旭博士研究生
内蒙古自治区通辽市开发区辽河镇王永副镇长
内蒙古自治区通辽市园林局设计室主任李淑艳高级工程师
内蒙古自治区通辽市科尔沁区林业工作站李宏伟高级工程师
内蒙古民族大学农学院刘贵峰教授、刘玉平副教授
内蒙古农业大学农学院史丽副教授
中国海洋大学海洋生命学院副院长茅云翔教授、隋正红教授、郭立亮博士研究生
中国科学院海洋研究所赵峰助理研究员
山东省农业科学院植物保护研究所郑礼研究员
青岛农业大学农学与植物保护学院教研室主任郑长英教授
南京农业大学植物保护学院院长王源超教授、叶文武讲师、昆虫学系洪晓月教授
扬州大学杜予州教授
上海野生动物园总工程师、副总经理张词祖高级工程师
上海科学技术出版社张斌编辑

浙江大学生命科学学院生物科学系主任丁平教授、蔡如星教授、
农业与生物技术学院蒋明星教授、陆芳博士研究生
浙江省宁波市种植业管理总站许燎原高级农艺师
国家海洋局第三海洋研究所海洋生物与生态实验室林茂研究员
福建农林大学植物保护学院吴珍泉研究员、王竹红副教授、刘启飞讲师
福建省泉州市南益地产园林部门梁智生先生
厦门大学环境与生态学院陈小麟教授、蔡立哲教授、张宜辉副教授、林清贤助理教授
福建省厦门市园林植物园副总工程师陈恒彬高级农艺师、
多肉植物研究室主任王成聪高级农艺师
中国科学技术大学生命科学学院沈显生教授
河南科技学院资源与环境学院崔建新副教授
河南省林业科学研究院森林保护研究所所长卢绍辉副研究员
湖南农业大学植物保护学院黄国华教授
中国科学院南海海洋生物标本馆陈志云博士、吴新军老师
深圳市中国科学院仙湖植物园董慧高级工程师、王晓明教授级高级工程师、
陈生虎老师、郭萌老师
深圳出入境检验检疫局植检处洪崇高主任科员
蛇口出入境检验检疫局丁伟先生
中山大学生态与进化学院/生物博物馆馆长庞虹教授、张兵兰实验师
广东内伶仃福田国家级自然保护区管理局科研处徐华林处长、黄羽瀚老师
广东省昆虫研究所副所长邹发生研究员、入侵生物防控研究中心主任韩诗畴研究员、
白蚁及媒介昆虫研究中心黄珍友高级工程师、标本馆杨平高级工程师、
鸟类生态与进化研究中心张强副研究员
广东省林业科学研究院黄焕华研究员
南海出入境检验检疫局实验室主任李凯兵高级农艺师
广东省农业科学院环境园艺研究所徐晔春研究员
中国热带农业科学院环境与植物保护研究所彭正强研究员、符悦冠研究员
广西大学农学院王国全副教授
广西壮族自治区北海市农业局李秀玲高级农艺师
中国科学院昆明动物研究所杨晓君研究员、陈小勇副研究员、
昆明动物博物馆杜丽娜助理研究员
中国科学院西双版纳植物园标本馆殷建涛副馆长、文斌工程师
西南大学生命科学学院院长王德寿教授、王志坚教授
塔里木大学植物科学学院熊仁次副教授

没有硝烟的战场

——《物种战争》序

谈起物种战争，人们既熟悉又陌生，它随时随地都可能发生。当你出国通过海关时，倍受关注的就是带没带生物和未曾加工的食品，如水果、鲜肉……。因为许多细菌、病毒、害虫……说不定就是通过生物和食品的带出带入而传播的，一旦传播，将酿成大祸，所以，在国际旅行中是不能随便带生物和食品的。

除了人为的传播，在自然界也存在着一条“看不见的战线”，战争的参与者或许是一株平凡得让人视而不见的草木，或许是轻而易举随风飘浮的昆虫，以及肉眼看不见的细菌……它们一旦翻山越岭、远涉重洋在异地他乡集结起来，就会向当地的土著生物、生态系统甚至人类发动进攻，虽然没有硝烟，没有枪声，却无异于一场激烈的战争，同样能造成损伤和死亡，给生物界和人类以致命的打击。正因如此，北京自然博物馆科研人员创作的这套丛书之名便由此而就《物种战争》，既有“地道战”“化学武器”“时空战”“潜伏”“反客为主”“围追堵截”“逐鹿中原”，又有“双刃剑”“魔高一尺，道高一丈”“螳螂捕蝉，黄雀在后”。可见，物种战争的诸多特点展示得淋漓尽致。

我不是学生物的，但从事地质工作，几乎让我走遍世界，没少和生物打交道，没少受到这无影无形物种战争的侵袭：在长白山森林里被“草爬子”咬一次，几年还有后遗症；在大兴安岭，不知被什么虫子叮一下，手臂上红肿长个包，又痛又痒，流水化脓，上什么药也不管用，后来，多亏上海军医大一位搞微生物病理的教授献医，用一种给动物治病的药把我这块脓包治好了。有了这些经历，我深深感到生物侵袭的厉害，更不用说“非典”“埃博拉”……是多么让人恐怖了！越是来自远方的物种，侵袭越强。

我虽深知物种侵袭的厉害，但对物种战争却知之甚少。起初，作者让我作序，我是不敢接受的。后经朋友鼎力推荐，我想，何不先睹为快呢，既要科普别人，先科普一下自己。不过，我担心自己能不能读懂？能不能感兴趣？打开书稿之后，这种忧虑荡然无存，很快被书的内容和写作形式所吸引。这套丛书不同于一般图书的说教，创作人员并没有把科学知识一股脑地灌输给读者，而是从普通民众日常生活中的身边事说起，很自然地引出每个外来入侵物种的入侵事件，并以此为主线，条分缕析，用通俗的语言和生动的事例，将这些外来物种的起源与分布、主要生物学特征、传播与扩散途径、对土著物种的威胁、造成的危害和损失，以及人类对其进行防控的策略和方法等科学知识娓娓道来。同时，还将公众应对外来物种入侵所应具备的科学思想、科学方法和生态道德融入其中，使公众既能站在高处看待问题，又能实际操作解决问题。对于一些比较难懂的学术概念和名词，则采用“知识点”的形式，简明扼要地予以注释，使丛书的可读性更强。

为了保证丛书的科学性，创作者们没有满足于自己所拥有的专业知识以及所查阅的科学文献，而是深入实际，奔赴全国各地，进行实地考察，向从事防控外来物种入侵第一线的专家、学者和科技人员学习、请教，深入了解外来物种的入侵状况，造成的危害，以及人们采取的防控措施，从实践中获得真知。

这套丛书的另一个特点是图片、插图非常丰富，其篇幅超过了全书的1/2，且绝大多数是创作者实地拍摄或亲手制作的。这些图片与行文关系密切，相互依存，相互映照，生动有趣，画龙点睛，真正做到了图文并茂，让读者能够在轻松愉悦中长知识，潜移默化地受教育。

随着国际贸易的不断扩大和全球经济一体化的迅速发展，外来物种入侵问题日益加剧，严重威胁世界各国的生态安全、经济安全和人类生命健康；我国更是遭受外来物种入侵非常严重的国家，由外来物种入侵引发的灾难性后果已经屡见不鲜，且呈现出传入的种类和数量增多、频率加快、蔓延范围扩大、发生危害加剧、经济损失加重的趋势。这就要求人们从自身做起，将个人行为与全社会的公众生态利益结合起来，加强公共生态道德教育，提高全社会的防范意识和警觉性，将入侵物种堵截在国门之外。

如今，物种战争已经打响，《孙子兵法》说：“多算胜，少算不胜，而况于无算乎！”愿广大民众掌握《物种战争》所赋予的科学武器，赢得抵御外来物种侵袭战争的胜利。

中国科学院院士
中国科普作家协会理事长

刘嘉麒

2014年10月于北京

目录

引言

《三十六计》里有一计叫“反客为主”，其中说：“乘隙插足，扼其主机，渐之进也。”什么意思呢？就是有空隙就插足进去，掌握其要害关节之处，就像《易经·渐》所说的，循序渐进，最终取得成功。反客为主，是被动者夺取主动权的一种计谋。

夺取主动权，是用兵的最高原则。它不仅贯穿于人类由古至今的各种战争中，还反映在生物圈里大大小小的战争里。例如，刺槐本是美洲物种，自其进入我国大陆后，扩张速度远超“国粹物种”国槐，以至于许多人都不认识国槐了；而银合欢进入我国台湾后，不仅赶走了许多土著植物，还形成了一片片纯林，似已立稳脚跟。当然，战局瞬息万变，主客之势也常常会发生变化，谁能笑到最后，尚未可知。

刺槐

Robinia pseudoacacia L.

刺槐太强势了，它们通过根出条的方式很快就能发展出一片纯刺槐林，让森林中原来的本地物种成片消失。但是，在郁闭度高的森林里，刺槐基本上没有入侵的机会，因此，保护我们的原始生态，就是防范外来物种入侵的最好机制。

公园中的刺槐

天坛公园里的“洋”槐

在世界文化遗产、最大的祭天建筑群天坛公园里面，伫立着许许多多的参天古树。这些古树不仅见证了天坛的历史，更是天坛祭祀文化的重要组成部分。天坛地域宽广，气势宏大，建筑集中，苍翠的古树环绕着主祭坛，让人一进入公园，便置身于庄重、肃穆、宁静、纯洁的氛围之中，厚重的历史感油然而生。

天坛的古树以柏树为主，另外还有其他一些有名的长寿树种，如槐树。从西门进去，就可以看到道路两旁高大挺拔的槐树，列队迎接游客的来访。在炎炎夏日，我想，绝大多数人都会选择走在道路两边，享受着这些饱含沧桑的古树带来的清凉。

像这样高大挺拔的槐树，在天坛公园里面其实有两种，我们得需要极大的耐心和细心才能发现这点。占多数的一种是国槐，分布在公园各个部位；另外一种是刺槐，也称为洋槐，主要分布在公园西门及西北角。朋友们下次再去逛天坛公园的时候，不妨留点神去观察一下。

那么，有朋友可能就会问了，我如何区分国槐和刺槐呢？要回答这个问题，让

刺槐扁平的荚果

国槐念珠状的荚果

我们首先简要地了解一下这两种植物。

国槐和刺槐*Robinia pseudoacacia* L.在分类上都属于豆科，但是不同属：它们分别隶属槐属和刺槐属。两者都是高大落叶乔木，树皮均为灰褐色，具有纵向裂纹，枝多叶密，树冠呈半球形，羽状复叶长度可达20多厘米。总体上国槐要稍高一些，但这种优势并不明显，如果以此来区分它们的话，恐怕要闹笑话。简单说来，它们主要的不同点可归纳为：国槐新长的枝条上不会有刺，而刺槐新长的枝条上则有托叶刺，不过这些刺在树长大后会脱落，这也是引起不少人对其名称疑惑的原因；国槐的叶片先端是尖的，而刺槐的叶片先端圆或稍凹，颜色也较浅；国槐具圆锥花序，顶生，花期7～8月，而刺槐具总状花序，腋生，花期要早，为4～6月；国槐的果实是念珠状的荚果，而刺槐则是扁平的荚果。

天坛公园中的这两种槐树一国一洋（刺槐也叫洋槐），其间蕴含着的意味，我想，大多数朋友一听就能明白——国槐就是我们国家自己的树种，而洋槐则是从国外引进的树种——它的故乡在与我们隔海相望的美国。我们以前习惯于将国外进来的东西冠之以“洋”字，如铁钉被称为“洋钉”，汽油被称为“洋油”，火柴被称为“洋火”，以及其他一串长长的名单，不一而足。后来，这些东西我们都能自己制造

刺槐花

和生产了，这些名称才逐渐淡出，成为一种历史，洋槐这一名称却仍然为人所熟悉。虽然现代的学术文献普遍称之为刺槐，但是在一些文学作品或者市民的日常交谈中都有用洋槐这一称谓。

巴黎最资深的“市民”

刺槐有许多优良的特点。它们的木材坚固耐用，不易腐烂，非常适合于建筑用材和家具用材，而且也是上好的燃烧材料。要知道，在很久以前，人类并没有用上电、煤和燃气，做饭和取暖，甚至照明都得依赖于木材，因此它们是人类生活不可缺少的重要部分。对于住惯了钢筋混凝土建造的大厦，用惯了电灯照明和使用燃气做饭的现代人而言，这或许有点不可思议，但是它们却是真实的历史。尤其是刺槐木材的坚固耐用性颇受美国早期移民的青睐，被用于建造房屋和篱笆墙。因此，他们走到哪里都会种上它们，一些造船行业的人士则将其应用于造船。18～19世纪，美国西部发现了金矿并由此引

刺槐

刺槐的刺

发长达数十年的淘金热，大量的人群涌向西部。只要有人的地方就会有需求，人多的地方更是如此，因此不难想象，颇受农民喜爱的刺槐随着美国的移民潮离开它们的故乡，很快就扩散到了除远离本土的夏威夷群岛和阿拉斯加之外的整个美国，以及她的邻居——加拿大的大部分地区。由于它们在这些地方分布广泛，长势良好，几乎没有多少人意识到它们竟是外来户。

美国早期移民关注的是刺槐的实用性，欧洲人引种刺槐的目的则首先是用于观赏。刺槐的树形优雅，寿命又长，其花颇有香味，且生长快，能忍受城市里的空气污染，因此作为行道树和园林观赏植物再合适不过了。1601年，巴黎植物园著名的植物学家——也是法国国王路易十三的园丁——让·鲁宾把一颗刺槐的种子种了在一个小广场上。这个小广场是如此之小，以至于我都没能找到它的中文译名。它位于塞纳河畔，紧邻莎士比亚书店，与巴黎圣母院隔河相望，因此颇有历史的诗意和气息。从河那边走过来，右边那条圣·雅克大道直通西班牙，左边那条路则直通里昂、罗马。当然，让我们记住它的并不仅仅是它的这些邻居，还有我们提到的刺槐。

让·鲁宾先生种下的这粒种子萌发后成为在欧洲扎根的第一棵刺槐。如今，经历了历史沧桑后，它仍然静静地伫立在那里，仍然枝

知识点

根瘤菌

几乎所有的豆科植物都有固氮能力，而赋予它们这种能力的是一类微生物，我们称之为根瘤菌。根瘤菌隶属于根瘤菌目下面的根瘤菌属和慢生根瘤菌属，它们侵入豆科植物的根内，刺激根部皮层和中柱鞘的细胞，引起其强烈生长，在根的局部膨大成根瘤，这就是根瘤菌名称的由来。在根瘤内部有一个厌氧的微环境，有利于根瘤菌固定大气中游离的氮气，因为根瘤菌的固氮作用需要严格的厌氧环境。根瘤菌将固定的有机氮提供给植物，而植物除了为它们提供厌氧的环境外，还给它们提供矿物质和能量。因此这是一种典型的互利合作现象。

强势的刺槐被广泛种植

繁叶茂，以其400多岁的高龄成为巴黎年纪最大的古树，是巴黎最资深的“市民”。我们难以知道，当年鲁宾先生种下种子的时候是否有此期望。不过，这棵树有如此的高龄，自有巴黎园林专家的功劳。刺槐的高度一般在10米上下，这棵树达到15米，其茎干很难承受如此的重量，加上“岁月不饶人”，难免会有中空的现象。因此，巴黎的园林专家便用水泥支柱为它加强支撑，并且将这些支柱尽量伪装成树干和树枝的形状。巴黎市政府每年为它进行一次健康体检，定时除去附生在树上的苔藓和其他植物。不过，靠近地面部分的这些植物却被有意保留，因为它们遮住了那些水泥。

我们中国每年有大批的游客前往巴黎观光购物，他们随着旅游团去欣赏卢浮宫和凡尔赛宫，殊不知，在那些不知名的地方，有着更加动人的生命故事，那里照样有着厚重的历史沉淀。因此，我建议朋友们，如果有机会去巴黎的话，请放慢你的脚步，去这个小广场领略一下生命的力量。这棵400多年树龄的刺槐，并没有人把它圈起来收门票，因此，参观完全免费，请你放心。

就这样，刺槐在欧洲大陆扎下脚跟，并以此为中心，向亚洲大陆和非洲大陆扩散。1636年，也就是它到达巴黎30多年后，又抵达了英格兰诸岛。现今，这种植物已经广泛分布于欧洲、亚洲和非洲大陆。

让人又爱又恨的“鬼子槐”

刺槐最早来到中国是在1877～1878年间，中国驻日本副使张鲁生先生将刺槐种子带回南京种植，取名“明石屋树”，作为庭院观赏之用，但是很少有人知晓。而刺槐大规模地进入中国，与我国近代屈辱的历史紧密相关。

19世纪的时候，我国正处在清朝政府统治时期。清朝政府奉行闭关锁国的政策，夜郎自大，整天做着“老子天下第一”的迷梦，自称“天朝”，而对世界上发生的事情不闻不问。殊不知，西方国家经过资产阶级革命和工业革命，在政治、经济和军事方面的实力已将中国“甩出好几条大街”。1840年的鸦片战争，以清政府全面战败、接受丧权辱国的《南京条约》而告终，并开启了清政府割让土地给列强的时代，中国的大好河山陆续沦为西方列强的殖民地。正是在此背景下，刺槐随着列强的入侵而进入中国。

1897年11月，两名德国传教士在山东曹州巨野被杀，德国政府以此为借口，派兵侵占胶州湾。次年3月6日，德国迫使清政府签订《胶澳租界条约》，将山东划作自己的势力范围。自此，胶州湾551.5平方千米土地上的274个村庄和接近8万农民的命运，被彻底改变了。随着它们一起改变的，还有中国许多地方的植被。

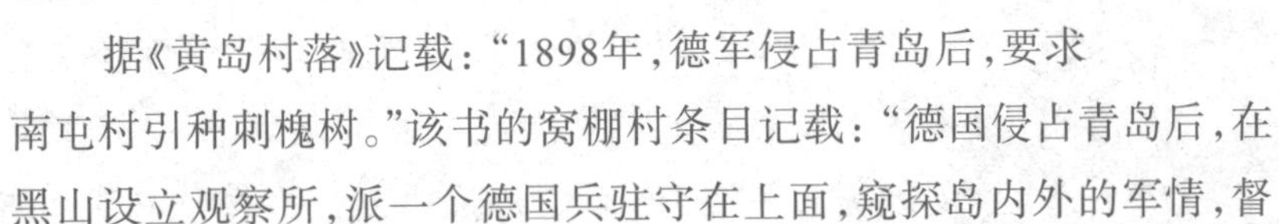

刺槐的刺

据《黄岛村落》记载：“1898年，德军侵占青岛后，要求南屯村引种刺槐树。”该书的窝棚村条目记载：“德国侵占青岛后，在黑山设立观察所，派一个德国兵驻守在上面，窥探岛内外的军情，督促村民在山上种植洋槐树（即刺槐）。”

德国人把刺槐引入中国并督促村民种植的具体原因不得而知。不过，我们可以从他们的一系列行为揣测一二。德国人在青岛设立了植物试验场，广泛试种各国树木品种和水果品种。除了刺槐之外，他们还引进和种植悬铃木、日本黑松、日本扁柏、加拿大白杨等植物，西欧各国的苹果、梨、桃及中东的葡萄等水果也被引入并进行驯化繁育。到1904年，林木苗圃达到100多万平方米，果木苗圃约4万平方米，集中了世界各地的花草树木170多种、23万株，形成了一个大花园。其中培育出来的刺槐和悬铃木被大量用于市区行道树和山地造林。青岛的很多街道两旁种满了刺槐，由此而得名“绿槐青岛”。

从这些记载来看，想必在当时的德国政府眼里，青岛已经是自己的地盘，自然应当好好建设一番。德国人办事素来严谨，一板一眼，毫不马虎，这么大规模的绿化计划必然蕴含着他们的长远规划。植树造林一是预防水土流失和台风来袭，二是美化环境，三是改善地下水循环和城市供水。除了前面提到的优质木材外，刺槐生长快等优点非常适合这些目的，因此很可能是德国人引种的一个原因。

当时，村民对于他们被迫种上刺槐十分不满。这种树繁殖力特别强，很快就成长成片，漫山遍野，靠近刺槐林的田地大多减产，加上刺槐本身茎干和枝条上均有硬刺（这也是刺槐名称的由来），容易伤人，因此村民对它们的印象一点也不好，将其称之为鬼子槐、外鬼槐、外国槐等。

尽管青岛的村民不太喜欢刺槐，但是刺槐还是有足够多的优点。它的适应能力非常强，可以在荒凉贫瘠的地方生长良好，而这得归功于它的一项本领：把

刺槐苗

红花刺槐

大气中游离的氮气固定为有机氮。我们知道,氮是大气的主要成分,占比约为78%,但是它们不能直接为植物所吸收利用,必须将其转化为有机氮才能为植物吸收。完成这种转化工作有两种方法,第一种方法是我们人类发明的,就是在工厂内用化学方法,在高温高压以及催化剂的条件下将氮气和氢气合成为氨,后者再通过一系列反应转化为其他氮化合物。这种方法需要消耗大量的能源,不仅污染环境,而且效率低下。第二种方法就是生物固氮,像槐树这样的植物,它们通过与根瘤菌共生,在自然条件下即可以将大气中的氮气转化为有机氮供自身使用,其固氮效率远高于人工固氮,这就使得刺槐对土壤要求非常宽松,它们能在沙土、壤土、黏土、风化石砾土甚至页岩矿渣堆上生长。它们对环境的耐受力也很强,在年平均降雨量61 ~ 191毫米、年平均气温在7 ~ 21℃之间的生境中,它们都能生长良好。此外,前文亦已述及,刺槐的生长速度非常快,每年能长高达1.2米甚至更多,这要归功于它们极强的光合作用能力。

刺槐有了这些法宝,要人不去理会它都难。人们有改造世界的雄心,希望荒原变沃野,而刺槐似乎可以满足我们这个愿望。因此,人们便开始大面积地在荒山野岭栽种刺槐,绿化土地,防止水土流失;在矿区则用于恢复环境和森林植被。

洋槐蜂蜜

事实证明，刺槐在这些方面的引种是非常成功的。据报道，一棵14龄的刺槐，可截流降水量的28%～37%，其根系可固土2～3立方米；通过共生固氮作用，可改良土壤，增加土壤有机质和团粒结构，每亩刺槐每年可固定土壤中的氮素3.3～13.3千克。但是刺槐有一个短板，就是根系很浅，容易被风刮倒，因此在风大的地方，并不适宜种植它们。无论如何，全世界种植刺槐的热情持续高涨。到目前为止，刺槐已经是种植面积第二大的阔叶树种，仅次于桉树，遍布于世界各大洲。目前，刺槐在我国的种植范围也遍及28个省（直辖市、自治区），其中黄河中下游和淮河流域为栽培中心。我国还从荷兰引进了刺槐的一个变种——红花刺槐，它有着红色的花朵，使其更具观赏价值。此外，我国还自行培育了多个新品种。

大面积的刺槐还带来额外的好处。刺槐靠昆虫传粉，这意味着它们会提供花蜜给帮助传粉的昆虫。事实上，刺槐是罕见的大花量树种，它们分泌的花蜜不仅量大，而且质优，因此在市场上经常可以看到有洋槐蜂蜜出售，它们的售价比其他蜜源的蜂蜜要贵出不少。此外，刺槐的花还可以吃，在饥荒的年代，漫山遍野的刺槐花成了救命食物。

但是，随着刺槐种植面积的扩大，它们造成的一系列问题也逐渐浮出水面。就像我们在评论他人的时候，经常听到有人说，那个人什么都好，就是有一点不好，个性太张扬了！这个评语同样可用于刺槐身上——即使像很多人所说的，刺槐全身都是宝，但是，它总归有一点不好：它们太强势了。

强势入侵的幕后黑“根”

刺槐有一系列符合入侵植物的生物学特性：适应能力强，生长快，结实率高，种子量大。不过，即使刺槐的种子量再大，也不是它们主要问题所在，毕竟它们那厚厚的种皮并不利于种子的萌发。刺槐最主要的问题在于它们的根部。

熟悉竹子的人都知道，竹子平时很少开花结果，它们都是通过地下茎向周围扩张。这种营养繁殖的威力十分巨大，一两棵竹子在短短几年内就可以长成一片竹林。与竹子相仿佛，刺槐也有这样的本领，但它不是地下茎，而是真正的根部。在刺槐的根部，每隔一段距离，就会长出不定芽，伸出地面形成小植株。这个过程被称为根蘖，或者根出条。

为了让大家见识一下这种根蘖的厉害，我翻译了一位法国作家写下的一段文字，它记录了这位作家在美国纽约一家小教堂的亲身经历：

“1769年6月17日，我参加了教堂的维修工作，没办法，我只好在邻居家逗留一小段时间。两星期后，我又去教堂进行维修工作，一打开门，我简直震惊得不得了：我见到了一株小刺槐，在这么短的时间里，它挤开地板钻了出来，长到了1.2米高。这株小苗来自15米开外的一株刺槐的根出条。”

竹子

由这段文字我们可以看到，刺槐的分蘖能力非常强，能轻易地在距离母株10多米的地方长出新的小苗，并且由于这些小苗直接与母株联系，营养供应充足，因此它们长起来尤其快。它们的蘖根通常在第4年或第5年开始产生，尤其是当树干被砍伐或根部受伤后，更会刺激它们的根出条。像竹子一样，这种出众的根出条能力可以使得它们很快长成一片刺槐林，学术上称之为根蘖林。与之相对应，由种子萌发形成的称为萌发林，两者合称萌生林。种子萌发的幼苗很难竞争过其他野草，但是根出条的幼苗则不同，因为它们有“母亲背后

强大的支持”，因此根出条是刺槐扩大种群的主要方式，也是它们入侵林地的主要手段。在瑞士南部和意大利北部，刺槐通过这种方式侵入当地的栗树林，山谷中的栗树林成片消失。

在有些地方，人们种植刺槐本来是想利用它们来改善土质，培育土地，以利于其他植物的生长。但是刺槐枝条上的刺会伤害邻近它们的其他植物幼苗的顶芽，扎破它们的树皮，引起后者的畸形生长。另外，由于刺槐的生长速度非常快，很容易击败竞争对手，一旦长成致密的刺槐林，林下植物就会因缺少阳光而发育不良或者死亡。

刺槐林

我们最初引种刺槐的目的之一是用于改造荒地，恢复植被。但是当刺槐发育成林后，它将独霸一方，要想恢复原来的本地种几乎不可能。令人哭笑不得的是，在一些进行植被恢复的科学研究中，研究人员设计的样方也全部为刺槐占领，研究工作只好被迫中止。迄今为止，尚无人观察到入侵的刺槐林演变成更具生物多样性的生态系统的例子。

关于刺槐入侵性的另一个有趣例子来自美国的一位园艺专家Fran Sorin。她在伦敦邂逅刺槐并立即爱上了它，这种感情是如此强烈，以致她决定要在她的花园里种上那么几棵。在查看了大量资料后（可惜她没能先看到本文），终于，在1991年借花园翻新之际，Sorin女士从俄勒冈购买了6株刺槐幼苗，种在花园台阶的两旁。2年之后，它们那优雅的黄绿色树冠以及扑鼻宜人的花香使得一切看起来是那么美好，这更加鼓励Sorin又买了3株幼苗。就这样，5年后，Sorin发现似乎有什么地方不对劲了，她家花园的草地上忽然长出了许多刺槐小幼苗。开始的时候，她还很乐观地想："真好，我可以送些小树苗给朋友们了。"但是，以后的每年，她都要花大量的工夫从她家的花园里拔掉好几打幼苗。更糟的是，周边树林的边缘也逐年长

洋槐生长迅速，还容易形成根蘖林，成了名副其实的入侵者

刺槐苗

出小幼苗，需要她去打理。可怜的Sorin终于意识到她无意中所犯下的错误，我估计她这辈子再也不会爱上刺槐了。一场持续了数年的“爱情”就这样结束了。

目前对于入侵的刺槐尚无有效的清除办法。人们尝试过机械拔除的方法，但是不是很成功，而且费时费力（看看Sorin女士的经历就知道了）。虽然刺槐属于浅根植物，但是长大后其根也不易清除干净。除草剂效率也不高，而且还会对其他植物造成不良影响。在刺槐的原产地美国，刺槐有它的天敌——刺槐黄带星天牛。被这种天牛感染后，刺槐会变得很脆弱，从而使其他植物有机可乘，因此刺槐从来没有形成优势种群。但是，出于安全起见，我们还无法引进这种天敌。因此，最重要的办法还是预防。研究表明，刺槐在受到干扰的地方容易造成各种问题，但是对于郁闭度很高的森林，刺槐基本上没

刺槐

有入侵的机会。由此看来，保护我们的原始生态，就是最好的防范机制。

也许有心的朋友又会问了，既然刺槐还会带来这么多麻烦，我们为什么不大力种植国槐呢？那是因为国槐根本就没有那么强的竞争力。国槐虽然也是豆科植物，但是它们偏偏不与根瘤菌共生，是豆科植物中少有的不能进行固氮的种类。因此，它们的适应能力与生长速度均不敌刺槐。不过，现在我国各级政府也逐渐意识到外来物种入侵造成的威胁，因此在城市绿化的规划中有了更多理性的内容。以北京为例，以前城市绿化多栽种外来树种，乡土树种所占的比例只有10%。2003年初，北京市提出"乡土树种的栽植比例要达到60%以上，外地引进的优质苗木不能超过30%"。应当说，这是一个良好的开端。作为普通的社会一员，我们应当以美国Sorin女士的经历为鉴，切不可盲目种植外来树种。

最后，我们再提一下把刺槐引入欧洲的让·鲁宾先生。可想而知，当年他引进刺槐的时候，也许并未意识到它有如此多的好处，亦未意识到会造成如此的麻烦，因为每个人均受其所处时代的知识局限的约束，无法预见到将来。关于这一点，我们既无须感谢他，亦无须指责他。他于1629年去世，100多年后，瑞典伟大的植物学家林奈以鲁宾先生的名字命名一个植物的属，是为*Robinia*，我们中国人管它叫刺槐。

（黄满荣）

徐正浩，陈为民. 2008. **杭州地区外来入侵生物的鉴别特征及防治**. 1-189. 浙江大学出版社.

张川红，郑勇奇等. 2008. **刺槐对乡土植被的入侵与影响**. 北京林业大学学报，30(3): 18-23.

徐海根，强胜. 2011. **中国外来入侵生物**. 1-684. 科学出版社.

李景文，姜英淑，张志翔. 2012. **北京森林植物多样性分布与保护管理**. 1-443. 科学出版社.

食蚊鱼

Gambusia affinis Baird & Girard

食蚊鱼的灭蚊作用，减少了使用化学试剂带来的危害，但也使当地的土著物种和水环境受到了严重的威胁。这个事例在提醒人类，在开发利用科学技术成果的时候，应该更加规范和慎重，一定要有良好的生态道德意识，才能充分享受科学技术成果的结晶。

世界闻名的“灭蚊能手”

食蚊鱼，顾名思义，就是吃蚊子的鱼。不过，它吃的不是蚊子成虫，而是幼虫，手段可以说是极其老辣。科学工作者关注这种鱼，也是因为它吃蚊子幼虫的习性。蚊子的危害在卫生防疫领域中，一直是一个难以治理的问题。它轻则叮咬吸血，严重影响人们的休息和工作质量；重则传播疟疾、乙型脑炎、登革热等疾病。而蚊子与人类混居在一起，个体小，还会飞翔，人们很难通过抓捕或隔离的方法将它们消灭。尽管人们发明了一些农药和杀虫剂，用来控制蚊子的数量，但是这些化学试剂也会危害其他生物甚至人类的健康。因此，人们普遍认为生物防治才是治理害虫最科学的方法。如果能够用食蚊鱼吃掉蚊子的幼虫——孑孓，而不伤害到其他生物，当然是两全其美。科学家很早就发现，一条食蚊鱼一昼夜大约能捕食200多只蚊子的幼虫。这个数字令人非常振奋，它说明食蚊鱼能够有效地控制一个水域中蚊子的种群大小，而它比使用化学药品的方法既经济又安全。尽管有些国家还引进了一些其他种类的小鱼灭蚊，但难以撼动食蚊鱼的地位，这不仅仅是因为它在控制蚊子方面表现出色，更因为它很容易适应世界上许多地区的环境条件。因此，这种原来仅活动于美国东南部、墨西哥及古巴一带的“地方明星”，被世界各地作为生物防治的有益物种引入，迅速成了“国际巨星”。

鉴于食蚊鱼灭蚊效果显著，美国曾由政府出面来大规模饲养、繁殖、推广这种鱼类，它们很快就传到包括夏威夷在内的美国各地以及临近的南美洲一

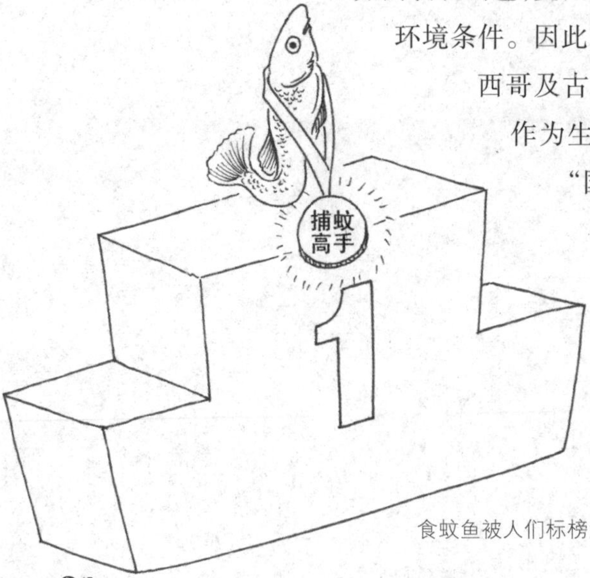

捕蚊高手

1

食蚊鱼被人们标榜为“捕蚊高手”

带。1918年，它由美国传至菲律宾。1919年春天，意大利和西班牙相继暴发了疟疾，成千上万的人在这场流行病中悲惨地死去。到了1920年春天，情况还是没有好转，疟疾就像气势汹汹的恶魔，继续吞噬着很多人的生命。国际红十字会派出了大批优秀的医生前去救援，可是却无法平息这场灾难。让人意想不到的是，国际红十字会向美国政府提出了一个非同寻常的请求：向意大利和西班牙运送一批食蚊鱼。于是，一批接一批的食蚊鱼被投放到这两个国家的各个水域。没想到，奇迹发生了！两年后，意大利和西班牙根除了疟疾。

食蚊鱼在这两个国家首战告捷后，又继续向世界各地进军，先后被引入到前苏联、加拿大、德国、日本、埃及等几十个国家，在灭蚊方面都收到了不错的效果，蚊子幼虫的数量和蚊子叮人的比率都明显下降，疟疾传播也显著减少。食蚊鱼"灭蚊能手"的称号得到了世界范围内的认可。

在食蚊鱼的"世界巡演"中，中国也是重要的一站。作为防治蚊虫的物种，食蚊鱼*Gambusia affinis* Baird & Girard于1911年首先从菲律宾被引入到我国台湾省，又于1924年引入杭州西湖。可惜那个时候我国的自然科学基础还很薄弱，再加上战争的影响，所以一直没有开展食蚊鱼进入西湖后的跟踪研究，也没有统计食

杭州西湖

蚊鱼对当地蚊子数量影响情况的相关资料。20世纪70年代以后，我国学者才系统开展对食蚊鱼的研究，发现无论是在稻田、池塘、积水、水沟中，放入食蚊鱼3～4天后，水体中蚊子幼虫的密度就会显著下降。食蚊鱼忍耐力强，繁殖快，适应性强，能够在多种不同生态类型的水体中生存，无须专人饲养管理，因此经济成本也大大降低。放鱼后，食蚊鱼会自然繁殖，因此可以收到“一次投入，终身受益”的效果，也减少了因使用化学药物造成的环境污染。

事实上，在这个时候，食蚊鱼的踪迹已遍及我国南方的池塘、水潭、溪流、水渠、沼泽、湖泊，甚至水稻田、小水沟等大部分低地水域中，长江以北的一些地区也有所发现，其分布的最北端是河北的唐山，在开滦赵各庄矿区洗煤废水中，它已经生活很多年了。

大有来头的“小个子”

按照人们看肥皂剧的逻辑，走“国际路线”的食蚊鱼应该是“高大威猛、玉树临风”型的实力派兼偶像派明星吧？要不然怎么能是世

在南方的池塘里食蚊鱼普遍存在

食蚊鱼

界级的“灭蚊能手”呢？可俗话说“见面不如闻名”，食蚊鱼名头如此之大，却是鱼类大家庭中的小个子，大约仅有1.5～3.5厘米长，且身体十分“苗条”，还没有普通的铅笔粗，显得又瘦又小，所以又被叫作柳条鱼、大肚鱼、山坑鱼等。不过，它青灰色的身体是透明的，看上去晶莹剔透，光彩照人，总算有一些加分项。它的头短而上翘，头顶比较平扁，没有胡须，眼睛相对比较大，上位的口比较小，但开口横直，口内有细小的尖牙齿。别看它身板小，却蕴藏着大能量。它们非常剽悍，脾气急躁，攻击性强，最喜欢肉食，其食谱中除了蚊子的幼虫外，还有水体中的原生动物、甲壳动物、鱼类等动物及其幼体。按照食蚊鱼的秉性，只要它能吃下的，都会成为它的盘中餐。所以，千万不要低估了一颗“食肉动物”的心。说到这里，可能有人已经意识到，幸亏它的个头小，不然水下不知道还有多少动物会受到它的攻击呢。

食蚊鱼行动敏捷灵活，也许是因为个头小，它通常并不在激流中活动，而是喜欢成群地在水流比较静缓的水体表层游动。它的适应能力强，对现在一些污染水体中的大部分化学药物具有较强的忍受能力。食蚊鱼属于暖水性小型鱼，容易适应炎热的气候，最适宜的水温是18～28℃，但它对低温的耐受性也令人咂舌：当水温下降、天气寒冷时，食蚊鱼往往潜居在深水处或杂草丛生的水域，甚至可在冰下越冬，这些特点也是这个小个子能进入世界各地的水域中，并迅速繁衍生存下来的原因。科学家认为，食蚊鱼有独特的遗传结构，很可能是决定其进入到新环境后能够顺利建群的一个重要因素。

如果我们细查它的“家谱”，会发现这个大名鼎鼎的小个子，其实来头也不小，其家族成员中有很多观赏鱼界的“名角”，人们耳熟能

孔雀鱼

玛丽

详的孔雀鱼、月光鱼、红剑、玛丽等，都是它的亲属。跟它个头最相仿的就是孔雀鱼，只是它的尾鳍没有大到那么夸张，也没有那么鲜艳的颜色，所以食蚊鱼"走红"还是有些幸运的，因为它在鱼类中的"娱乐圈"——观赏鱼界并没有地位，而是以"特长生"的身份闻名于生物防治界。不过，有些人也会把食蚊鱼带回家，当作观赏鱼饲养，美其名曰"素颜的孔雀鱼"。

大多数鱼类的繁殖方式都是卵生：雌鱼将卵产于水中，雄鱼再排出精液，鱼卵的受精过程是在亲鱼体外的水中完成，小鱼在水中孵化。食蚊鱼所在的家族在分类学上隶属于鳉亚目胎鳉科，这个类群的鱼都有一个共同的特点——"不走寻常路"，繁殖后代的方式为卵胎生。它们的雄鱼体形虽然比雌鱼小，但臀鳍的后面几条会变态延长，形成交接器。在繁殖季节，雄鱼的体色变得更加艳美，并且它开始追逐雌鱼，左右灵活摆动交接器，伸入雌鱼的生殖孔，将精子输送到雌鱼体内，受精过程在雌鱼体内完成，受精卵在母体内发育、孵化，雌鱼直接产出仔鱼，当天仔鱼就会游动，一两天后就可以主动觅食。因此，饲养观赏鱼的人会看到孔雀鱼、红剑等，都是直接产仔的。这种情形，是不是让你想起了大草原上的羚羊、斑马？不过，鱼类的卵胎生和哺乳动物的胎生是有区别的：哺乳动物的胎儿是靠母体的营养来维持生命，而卵胎生的仔鱼则是靠母体内受精卵的卵黄素来维持生命，不从母体吸收营养。

有的雌食蚊鱼还具有奇特的“混交”现象，并且在与多个雄鱼“混交”之后，能同时储存这些雄鱼的精子用于多批繁殖。在实验室中，食蚊鱼雌鱼能利用储存的雄鱼精子繁殖4～6批仔鱼，在每批仔鱼中，来自各个父本的比例不是均等的，因此能够快速建立遗传多样性较高的种群。这样一来：一尾怀胎的雌鱼被引入新的水体后，不需要雄鱼的参与，就可以在短期内独自建立一个新的种群。

不过，这个大家族的“母亲”都有一个很不好的“习惯”：会吞噬刚刚产下的仔鱼。所以如果要想饲养更多的仔鱼，就要在雌鱼产仔完成后，立即将雌鱼与仔鱼隔开，才能保证仔鱼的生命安全。

亲鱼吃掉仔鱼，其实也是物种在长期进化过程中形成的一个生存对策。吃掉一部分柔弱的仔鱼，可以减轻其他仔鱼的生存压力，保证那些仔鱼能更好地活下去。在有限的水体中，无论是空间还是食物都是有限的，如果一个物种的个体数量无限制地扩大，就会因为环境容量的问题影响它们自身的生存。食蚊鱼在我国江南地区每年4～10月繁殖，仔鱼出生50天就可以达到性成熟，能够繁殖后代。一对亲鱼每次可以产仔30～50尾，此后这对亲鱼每隔20～30天又可以生产一次；产出的三五十尾仔鱼，50天后可以产出它们的下一代仔鱼。假设在一个封闭的水体中，仔鱼全部存活的理想情况下，即使只放入一对食蚊鱼，也可以想象一年后，这个水体中食蚊鱼的数量何其庞大！

物种在长期进化的过程中，总会有一些对策来保证自己的种族能够繁衍生存下去，这就是大自然的法则。看来，食蚊鱼也是因为

红剑

"意识"到了自己种群发展的能力过于旺盛，会导致不利后果才出此"下策"的吧。

剽悍的"多面杀手"

拥有"名门望族"的背景、超强的适应能力和独特繁衍方式的食蚊鱼，既是"灭蚊能手"，也是"多面杀手"。人们当初认为它只灭蚊不伤害其他生物的想法，看来只是一厢情愿罢了。近20年来，关于食蚊鱼的"罪恶行径"不时被报道出来，几乎所到之处都留下了它的"犯罪记录"，甚至算半个家乡的美国境内的引入，也带来极为严重的后果。人们对美国加利福利亚州山区的10条溪流进行了调查，发现引入食蚊鱼的几条溪流中，当地的土著加利福利亚蝾螈均已消失，作为对比，尚未引进食蚊鱼的溪流中都能找到这种蝾螈的卵、幼体以及成体。同时，还有人发现食蚊鱼影响了加利福利亚红腿青蛙的生存状况，而太平洋树蛙的幼体——蝌蚪，也常常在食蚊鱼的食道里被发现。在澳大利亚，食蚊鱼同当地的鱼和青蛙发生了巨大竞争，例如布里斯班附近的亚热带河流中的彩虹鱼绝种，就被认为是它一手造成的。令人担忧的还有在本土已经被列为濒危物种的绿金腹蛙，自从引进这种剽悍的小个子鱼类后，绿金腹蛙的野外数量就更少了，因为它的蝌蚪也是食蚊鱼喜欢的美食。

为什么会出现这种情况呢？其实这个现象很好解释：食蚊鱼吃蚊子的幼虫不假，但这满足不了它的欲望，如果有其他更合口、更容易捕获的食物，它自然会放弃孑孓，选择后者。除了蝌蚪，在澳大利亚和西班牙还有人发现，食蚊鱼会捕食一些土著鱼类的仔鱼，也对当地土著物种的生存带来了危害。

蝌蚪

除了对水生动物及其幼体"下毒手"外，这个小个子鱼类也会利用其攻击性强、抢食凶

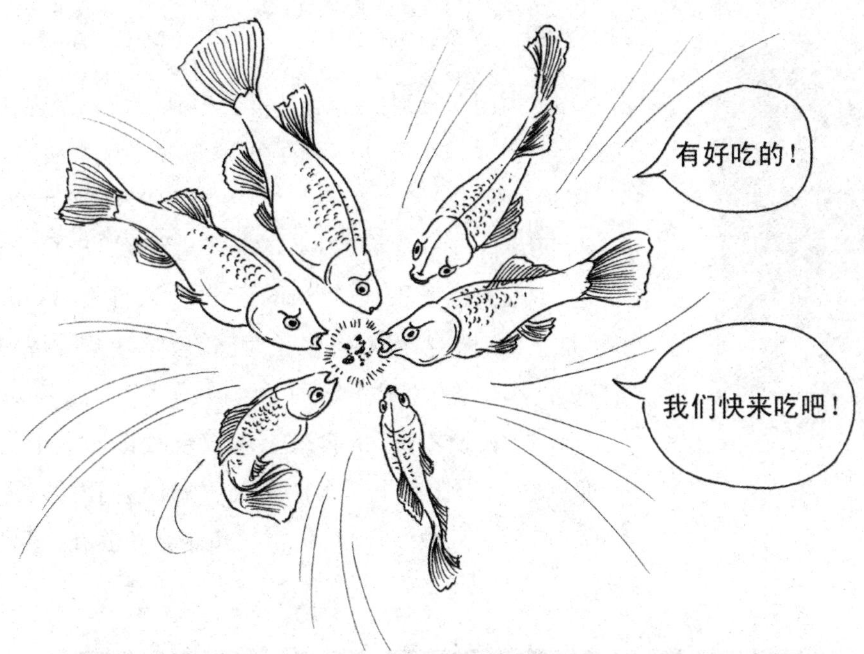

食蚊鱼并不是专门以孑孓为食的物种，而是有“好吃的”就先吃了

猛的特点，排挤那些处于同样生态位的土著物种。在西班牙伊比利亚半岛，有两种与它的食物组成高度相似的土著鲤鱼类，就受到了严重的排挤，野外生存极度困难。食蚊鱼也导致生活在约旦和以色列的约旦墨头鱼野外数量大幅度下降。人们为寻找原因，在实验室和野外两种环境中进行实验，结果发现在野外生境中，在饵料数量不变的情况下，不占数量优势的土著物种空腹率很高，说明食蚊鱼抢食凶猛，而土著物种似乎碍于主人情面，无法与它们相争，只好食不果腹，饿着肚子；同样，在实验室的观察结果也是如此，它的摄食率和摄食强度远远高于土著物种。可以想象，在自然环境中，最先死亡的肯定是那些抢不到食物的弱者。

在我国也有同样的情况，食蚊鱼对香港的林氏细鲫和卢文氏树蛙蝌蚪的捕食，危及了这些当地特有土著物种的生存。食蚊鱼对我国华南地区的濒危鱼类唐鱼的仔鱼，也有很强的捕食压力，对唐鱼自然种群具有潜在的威胁。而另外一个最典型的案例就是，在我国南方各地水域中引入食蚊鱼后，它对青鳉的排挤。青鳉与食蚊鱼同属一科，也算是“亲戚”，本来一个生活在北美洲，一个生活在我国南方水域中，无论它们游泳技术有多么的高超，怎么努力地想到“亲

土著鱼类——中华青鳉标本

戚”家去“串门”，这对“亲戚”都不会串到一起。但现在人们把这个剽悍的小家伙带到了我国南方水域，不仅让它们见了面，还把它们放在一起生活。但是，食蚊鱼“六亲不认”，只管自己抢食物，根本不会考虑什么“亲戚”的死活。它们吃得多，长得壮，繁衍的后代也多，性格温和的青鳉哪是它的对手？用不了多长时间，青鳉就被排挤到一些偏僻的小生境“苟延残喘”了。

“天不怕，地不怕”的食蚊鱼不仅仅攻击比它小的水生动物，也攻击比它个头大的鱼类，撕扯它们的鳍，甚至杀死它们。有人做过实验，将食蚊鱼跟金鱼养在一起，食

漂亮的金鱼也会成为食蚊鱼的美食

蚊鱼就会不停地追逐金鱼并撕咬它们的尾鳍，直到金鱼死亡为止。可见这个小个子手段极其残忍，行为令人发指。

这还不算，在有的地区，食蚊鱼不仅没有起到灭蚊的作用，反而促进了蚊虫的肆虐。例如，在一个稻田的食蚊鱼生态学实验中，研究人员发现，在引进食蚊鱼后，它吃掉当地水虱的数量远大于吃掉孑孓的数量，其结果是降低了水虱的竞争力，反而导致了蚊子存活率的提高。可见，这个剽悍的小个子觉悟有点低，不像人们当初想象的那样，听从“指挥”，做好灭蚊工作，而是只会根据自己的好恶来选择食物。

外来物种和外来入侵物种

外来物种是指在一定的区域内，历史上没有自然分布，而是直接或间接被人类活动所引入的物种。当外来物种在自然或半自然的生境中定居并繁衍和扩散，因而改变或威胁本区域的生物多样性，破坏当地环境、经济甚至危害人体健康的时候，就成为外来入侵物种。

食蚊鱼不仅仅对当地土著物种造成了危害，对当地的生态环境也有很大的影响。作为肉食性的捕食者，它常常位于相应水体生态系统中食物链的顶端，因此可以通过下行效应对生态系统带来一系列的影响。轮虫、甲壳动物和水生昆虫等大多以浮游植物为生，食蚊鱼大量捕食它们，使这些动物规模下降，浮游植物得到额外增长，水体透明度降低、水温升高、能溶解的无机磷含量降低，有机磷升高，水体的理化性质和营养含量发生变化，其他物种生存的困难进一步加剧，比如一些耗氧比较高的物种就无法生存，最终会导致这个水体生态系统发生变化。谁能想到，人们请来帮忙吃蚊子的食蚊鱼，竟然成了破坏淡水环境的“生态杀手”？

因此，这种看起来不起眼的小鱼，带来的危害是巨大的，对当地水域的无脊椎动物、鱼类、两栖动物等的生存，以及水域生态环境，均构成很大的威胁。正因为如此，这个剽悍的小个子已被认定为全球最危险的100种外来入侵物种之一。

食蚊鱼的天敌

请神容易送神难

当人们发现了食蚊鱼的危害后，希望能够阻止状况继续恶化，但这时才知道对它已是束手无策。

食蚊鱼个体细小，如果针对性地用密网捕捞，就会给当地其他鱼类带来极大的危害，而除了捕捞，人们也找不到其他的办法对它进行控制。食蚊鱼的天敌当中除了一些捕食性鱼类外，蟾蜍、蛙类和蛇类也会对其进行“围剿”，但这些捕食者不会对其种群起决定性的调节作用。食蚊鱼通常在浅水生境中活动，这样可以有效地躲开深水中的捕猎者。食蚊鱼的避敌反应十分奇特，可以利用视觉观察捕食者并采取相应的躲避措施，而且在远距离观察捕食者时倾向使用左眼，在近距离观察捕食者时则多使用右眼。

还有一个更加令人担忧的发现：食蚊鱼被广泛引入到各种生境，通常这些奠基种群规模不会很大，但是伴随着可能出现的瓶颈效应和基因漂移等遗传学事件，各种群在不长的时间里就出现了遗传分化及快速进化，其结果就是适应力更强，人们更难清除。因此，目前人们只能是在尚未发现食蚊鱼入侵的地区，严禁引入。不过，在现实生活中，有些地区的食蚊鱼并不是有意引进的，而是随着水产品的买卖、现代渔业运输而带入的。它的卵以及不同年龄的个体，很容易混在各种鲜活水产品的水箱中，在人类的各种交通工具的携带下，奔赴四面八方。而它一旦进入各种自然水体中，就顽强地生存下来，并迅速繁衍后代，最终泛滥成灾。例如，我国华南地区并没有引进食蚊鱼的记录，但它已遍布当地水域。由此可见，在开展防控外来物种入侵的工作中，加强生态道德的教育尤为重要。人们只有了解物种之间的关系、物种与环境之间的关系等生态学知识，才能正确、科学地处理这些问题，把这些危害防范于未然。

食蚊鱼

通过食蚊鱼引进的实例，我们清醒地看到，任何事物都有它的两面性：食蚊鱼的灭蚊作用，减少了人们使用化学试剂带来的危害，但它却给当地物种和水环境造成了严重威胁。这个事例也在提醒人类，在开发利用科学技术成果的时候，应该更加规范和慎重，一定要对相关的科学知识有完整的把握，同时还有良好的生态道德意识和修养，才能从人类与自然、人类与未来发展的更高的层面，充分享受科学技术成果带来的便利。

（杨静）

深度阅读

汪松，谢彼德. 2001. **保护中国的生物多样性（二）**. 1-233. 中国环境科学出版社.

陈国柱，林小涛等. 2008. **食蚊鱼（*Gambusia* spp.）入侵生态学研究进展**. 生态学报，28(9): 4476-4485.

徐正浩，陈为民. 2008. **杭州地区外来入侵生物的鉴别特征及防治**. 1-189. 浙江大学出版社.

严云志，陈毅峰等. 2009. **食蚊鱼生态入侵的研究进展**. 生态学杂志，28(5): 950-958.

谢联辉，尤民生，侯有明. 2011. **生物入侵——问题与对策**. 1-432. 科学出版社.

万方浩，谢丙炎. 2011. **入侵生物学**. 1-515. 科学出版社.

虾夷扇贝

Patinopecten yessoensis Jay

外来物种虾夷扇贝与土著的栉孔扇贝杂交，有可能集中双方的优点，解决很多养殖上的麻烦。但是，人们也担心虾夷扇贝会对我国土著扇贝造成遗传污染，从而影响我国海域扇贝的遗传多样性。

舌尖上的扇贝

扇贝制品

每一个贝壳都有故事，有的可能变成了沙子，有的可能吐出了珍珠，有的则爬上了百姓的餐桌。有一种非常名贵的海产品，叫作干贝。干贝是采用扇贝的闭壳肌制成的，而扇贝是双壳类软体动物，它只有一个闭壳肌。它的贝壳很像一个小扇面，所以很自然地就获得了扇贝这个名称。因为扇贝是生活在海里的动物，干贝是以其为原料的产品，所以人们也把它叫海扇或干贝蛤。

我国海域的扇贝生产历史悠久。据史料记载，早在5000年以前，沿海渔民就对扇贝进行采捕，制成的干贝肥大鲜嫩，味道鲜美，含有丰富的不饱和脂肪酸(EPA和DHA)，所以营养价值较高，被列为海产八珍之一。扇贝除供食用外，其漂亮的贝壳还被用作装饰品。

在扇贝贝壳的里面，左右有两个边缘很厚的外套膜，它们由三层褶叠而成，最里面的一层形成一个游离的边缘，当贝壳张开时，可以自由地竖起来，与贝壳形成直角，好像是一个关闭的幕。这个幕的任何一段地方都可以由于肌肉的收缩而形成一个小的开口，扇贝就

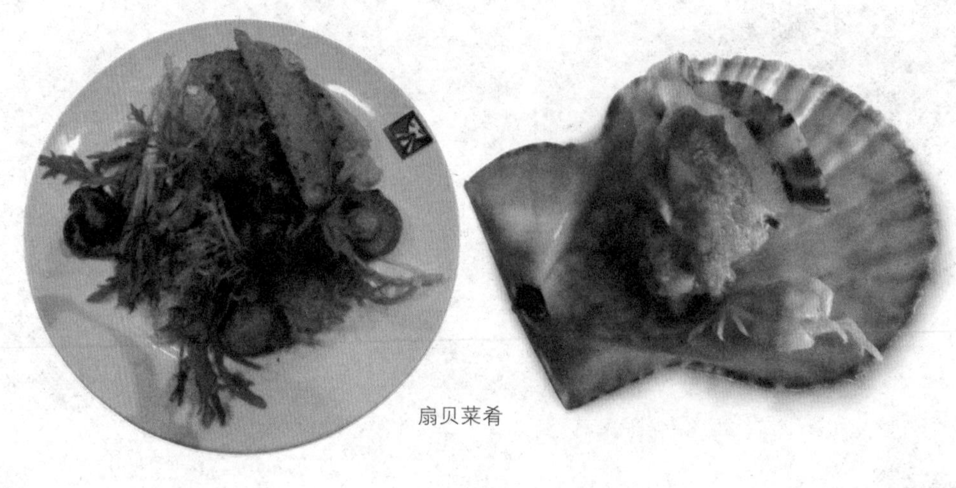
扇贝菜肴

是利用它来调节进入体内的水流。但由于左右外套膜在后端没有愈合点，所以扇贝没有固定的排水孔。虽然如此，在扇贝身体里的水流也是有一定方向的，它们从身体后端背部相当于蚌和贻贝的排水孔的地方排出的。另外，在外套膜的边缘上有很多专司感觉的触手和眼点。触手伸展时很长，呈针状。眼点很清楚，是一些深蓝色的粒状突起，差不多等距离地分散排列在外套膜的边缘上。

虾夷扇贝

扇贝有非常大的乳白色闭壳肌，很明显地分为两部分：一部分靠前，极大，是横纹肌，它的功能是能够很快地伸展或收缩，使贝壳迅速开闭；一部分靠后，较小，是平滑肌，它的功能是能够有力地、持久地使贝壳关闭。

在闭壳肌的背部和前方是扇贝的内脏，腹面是鳃。扇贝的足很小，足分泌的足丝从两壳前耳下方的一个小孔伸出壳外。扇贝就是利用足丝附着在浅海岩石或沙质海底的，一般右边的壳在下，左边的壳在上，平铺于海底。扇贝平时不大活动，但当感到环境不适宜时，能够主动地把足丝脱落，然后做一定范围的游泳，尤其是幼小的扇贝，用贝壳迅速开合排水，游泳很快，这在双壳类中是比较特殊的。有人曾经利用标志放养的办法来观察扇贝的移动情况：他们把采到的扇贝拴上银牌，编上号码，再把它们放到大海中的一定区域，过一段时间以后，在原来放置的海区以外捕到了带银牌的个体，这说明扇贝是能够移动相当远的距离的。

事实上，扇贝的生活并不像人们想象的那样枯燥无味，而常常是非常有趣的。每当它们来到一个新的环境中，扇贝往往表现很活泼，两扇贝壳大大地张开，两个外套膜边缘上的触手像辐射的光芒一样向外伸展。有时候，它们急剧地伸缩闭壳肌，使贝壳快速而有力地张闭，借贝壳张闭排水的力量在水中游泳。等它们在新的环境中熟

栉孔扇贝

悉以后，才静卧在水底，张开两扇贝壳，并且开始分泌足丝在水的底部固着。

在我国北方沿海，最常见的一种扇贝是栉孔扇贝。它是雌雄异体的，雌性个体所占的比例要此雄性稍多。在繁殖季节，它们的生殖腺特别丰满，这时雌雄可以从生殖腺的颜色区分出来：雄体的生殖腺呈黄白色，而雌体的生殖腺呈橘红色。精子和卵子成熟以后都排到体外的海水里，然后受精、孵化。受精卵发育成担轮幼虫、面盘幼虫。扇贝的幼虫跟贻贝、珍珠贝等的幼虫一样，是在海水中浮游生活的，经过一段时间以后，幼虫通过变态成为小扇贝。小扇贝能游泳，会来到近岸的岩石或沙滩上附着，长大以后才移到较深的海水环境中去生活。

扇贝的贝壳表面除了放射状的肋纹以外，还可以看到从壳顶到腹面环生的许多同心的生长线。扇贝的生长线和它实际生长的情形是很一致的。扇贝在前三年的时间内生长得相当快，但以后就逐渐变慢了。在一年当中，除了最冷的季节以外，差不多是每月都在生长，生长的速度大致和水温成正比。一般说来，扇贝生长的第二年，就能达到性成熟，然后可以产卵繁殖了。

动物界第二大家族

作为动物界仅次于节肢动物的第二大门类，软体动物的物种多样性十分丰富，尤其是海洋贝类在海洋生物中占据着很重要的地位，其中还有许多是重要的经济种类，被人们广泛养殖，成为与人们生活密切相关的物种，如贝类养殖占我国海水养殖产量的80%以上，因此有“蓝色的海底银行”之称。

20世纪60年代以前，我国扇贝的生产全部是采捕自然生长的个体。从1968年开始，人工养殖扇贝逐渐产生并发展起来。扇贝养殖具有定居性强、成本相对较低、增长速度快等特点。随着对半人工育苗、全人工采苗以及育成等关键技术的不断改进，我国的扇贝养殖规模和产量不断上升，现在这两方面均居世界第一位。扇贝养殖已成为我国沿海经济发展的重要支柱产业之一。

扇贝在世界上有300多种，我国有30余种，但主要的养殖品种是栉孔扇贝，主要分布在山东长岛、威海、蓬莱、石岛、文登和辽宁大连、长山岛等我国北部沿海一带。它的贝壳较大，一般壳高8～10厘米。两壳大小及两侧均略对称，右壳较平，其上有多条粗细不等的放射肋，但两壳前后耳大小不等，前大后小，贝壳的表面多呈浅灰白色。

20世纪80年代初，为了丰富我国的扇贝养殖品种，有人从美国引进了海湾扇贝，从日本引进了虾夷扇贝，并开展规模化养殖。海湾扇贝属小型贝，壳高仅有5厘米。虾夷扇贝是大型扇贝，成体壳高12～15厘米，最大的可达26厘米。由于虾夷扇贝个体大、营养成分高、经济价值最好，养殖的比例逐年增加，近年来已发展成为我国北方沿海地区养殖的重要经济贝类，在大连和山东等海区形成了一定的养殖规模。

海湾扇贝

虾夷扇贝*Patinopecten yessoensis* Jay与栉孔扇贝同属于扇贝科，但隶属于虾夷扇贝属，其外部形态和生态习性与栉孔扇贝有较为明显的差异。它的贝壳比较大，右壳较突，呈黄白色；左壳稍平，较右壳稍小，呈紫褐色，壳近圆形。壳顶位于背侧中央，壳顶两侧前后具有同样大小的耳状突起，右壳的前耳有浅的足丝孔。壳表有15～20条放射肋，右壳肋宽而低矮，肋间狭；左壳肋较细，肋间较宽。

虾夷扇贝的自然分布区位于俄罗斯远东沿海、千岛群岛、日本的桦太、北海道、本州北部以及朝鲜北部的日本海等海域。它主要生活在水下6～60米的深度。虾夷扇贝为冷水性海产贝类，栖息于水流

美丽的渤海湾是扇贝养殖的主要场所

畅通的沙质场海底，最适生长水温为5～20℃。

虾夷扇贝也是雌雄异体，生殖季节雌性生殖腺为橘红色，雄性为乳白色。性成熟年龄一般为2龄，雌雄性比约为1∶1。此外，它还有少数个体为雌雄同体。虾夷扇贝的怀卵量为1亿～16亿，产卵量约为怀卵量的1/3～1/2。成熟的精子和卵子被排放到体外，在海水中受精，受精卵经5～7天孵化成初期面盘幼虫，再经30～40天的浮游后附着、变态成稚贝。

养殖的探索

最早的虾夷扇贝养殖采用的是非常简单的海底底播法。人们只要将壳高为2～3厘米的幼贝直接撒播在20～40米深的海底，密度一般为12～20个/平方米，待它们在海底生长2～3年后，再进行拖网采捕或人工潜水采捕。这种养殖方法的优点是虾夷扇贝在生长过程中不需要人工管理，而且节省养殖器材，缺点是只有海底一个平面可以利用，养殖的密度不能过大，所以单位面积的产量比较低，而且只能在平坦、沙质好的地方养殖，含泥量不能太高。幼贝苗在海底也可能会受到海星、蟹类等天敌的吞食。另外，虾夷扇贝具有较强的移动性，存在逃逸的可能。人工潜水采捕收获不方便，效率低，而拖网采

海星

螃蟹

捕容易对海底生态造成破坏，石块被一同拖入网中会使贝壳破损等。

后来，人们又发明了筏式笼养法，将虾夷扇贝放入笼中挂在筏架上养殖。网笼用30～35厘米的有孔塑料盘和网目6～20毫米的聚乙烯网片缝成圆柱形，分7～10层，层间距15厘米。每层可放壳高3～4厘米的贝苗12～15个。将网笼系挂在筏架上，笼距1米左右，挂养水层5米以下。这种方法可以立体地利用水体，使单位面积水域的产量增加，也能防止一些较大型敌害的侵袭。不过，由于虾夷扇贝在笼内呈游离状态，如果受到风浪冲击时，网笼倾斜，它们就会被聚集在一个角落里，互相嵌插、咬合，造成外套膜损伤，贝壳形状异常，甚至死亡。网笼随风浪振动时，它们的贝壳就只能紧闭，使其不能摄食而影响生长。人工将网笼从海中拽到船上作业的劳动强度大，成本高。

虾夷扇贝

在虾夷扇贝的养殖过程中，网笼上的附着生物对贝类养殖的危害是造成贝体生长不良和死亡的重要原因之一。网笼里的虾夷扇贝主要是靠水体的交换和自身的活动来摄取食物，而养殖器材上的污泥和附着生物（如海鞘、水螅等）会堵塞网目，致使笼内外水体交换量减少，外界饵料供应受阻，新陈代谢产物不能及时排出笼外，导致养殖贝类生存环境恶化。有的附着生物还与虾夷扇贝竞争食物。此外，附着生物的耗氧会造成局部水域溶解氧的降低，直接限制了养殖生物的正常生长代谢，甚至导致病害的发生。

鉴于此，人们又发明了吊耳法进行虾夷扇贝的饲养，待经海上培育的虾夷扇贝苗到翌年3～4月，壳高6厘米左右时，在其耳部钻一个1.5～2毫米的小孔，用直径0.7～0.8毫米的聚乙烯线穿入小孔，2～3个扇贝一簇，簇间距12厘米缠绕在养成绳上。将养成绳系挂在筏架上，绳间距30厘米以上，挂养水层5米以下。采用吊耳法养殖扇贝直接与海水接触，摄食方便，营养好，生长速度快，使扇贝的闭壳肌发达，出肉率高，同时也节省网具等养殖器材，生产成本降低。由于不用倒笼，减轻了劳动强度，收获也比较方便。不过，采用吊耳法养殖需要用钻孔机在扇贝的耳部钻一个穿绳用的小孔，操作比较费工，而且贝壳薄脆，容易碎裂，垂下时脱落率较高。但是，现在人们已经开发了自动扇贝钻孔机，而且利用虾夷扇贝左右壳不同的颜色特征或者曲率不同的形状特征，用光电传感器识别，再控制机械装置使其翻转成同样的姿势，改善了钻孔自动化工艺，提高了钻孔加工质量。

因此，采用先进的吊耳法养殖技术是虾夷扇贝养殖的发展方向。科学家正在不断探索，努力将这种养殖技术逐步推广。

清蒸扇贝

白色贝的崛起

在过去相当长的一段时间里，栉孔扇贝一直是我国北方重要的经济养殖贝类。它具有肉质鲜美、营养丰富、适温中等的优点，但也有抗病力较弱等不足之处。

从1997年开始，养殖的栉孔扇贝出现大规模死亡现象，且死亡情况逐年加重，养殖规模迅速萎缩。造成栉孔扇贝死亡的原因是多方面的，除了生态环境的恶化外，栉孔扇贝本身的种质退化是导致其出现死亡现象的重要原因。长期以来，我国栉孔扇贝的养殖仍处于半野生半养殖状态，还很少像农作物、家畜那样培育出稳定的品系，累代养殖后出现了种质退化、品质下降及抗逆性降低等问题，大大制约了我国海水贝类养殖业的发展。长期的近亲繁殖，使种质严重退化，加之海区的严重污染，造成了大批死亡的现象。

后来，虾夷扇贝的养殖技术得到了快速推广，但在操作过程中，由于某些技术环节的疏忽，虾夷扇贝群体也逐渐出现了人工育苗成活率低、雌雄同体增多、种质退化、病害频发等现象。养殖期间死亡率不断提高,商品贝的规格、品质、肥满度等有所下降,从而影响了该产业的经济效益。我国的贝类养殖由单一品种——栉孔扇贝,转向了养殖另外一个单一品种——虾夷扇贝,而一旦虾夷扇贝养殖出现问题,将没有其他替代品种来补充,这种单一品种的养殖方法对养殖户的发展是非常不利的。

外来物种入侵的危害

外来物种成功入侵后,会压制或排挤本地物种,形成单一优势种群,危及本地物种的生存,导致生物多样性的丧失,破坏当地环境、自然景观及生态系统,威胁农林业生产和交通业、旅游业等,危害人体健康,给人类的经济、文化、社会等方面造成严重损失。

事实上,20世纪70年代中期,日本的虾夷扇贝主产地北海道、青森县、宫城县等海区就曾经发生大规模死亡的事件,其缘由是各地盲目无序地发展,养殖密度过大,导致养殖海域饵料和水质环境恶化,引发病害,最后大量死亡。

日本的惨痛教训让我们认识到,为了使蒸蒸日上的虾夷扇贝养殖业能够健康持续发展,我们有必要针对我国虾夷扇贝养殖业发展中存在的问题进行分析和研究,并提前做出预案。

首先,虾夷扇贝养殖需要普及"健康养殖"的理念,就是根据生态平衡的原则,合理布局,根据各养殖场的海况特点及生产潜力,搞好贝、藻类的轮、间、套养,搞好"立体养殖",做到养殖对象的生态互补,达到健康养殖的目的。

虾夷扇贝的养殖由于幼贝无足丝附着,需要制作特殊的笼具,成本较高。为此,有人试验了一种新的养殖方法——栉孔扇贝和虾夷扇贝混养法,即采用栉孔扇贝的养成笼,进行栉孔扇贝和虾夷扇贝混合养殖。养殖密度因混养了虾夷扇贝而相对降低。由于栉孔扇贝分泌足丝的能力强、虾夷扇贝不分泌足丝,二者混养后,虾夷扇贝被栉孔扇贝分泌的足丝相互附着在一起,这样虾夷扇贝也固着起来,避免了虾夷扇贝在养殖笼中因无足丝而相互咬在一起导致死亡的问

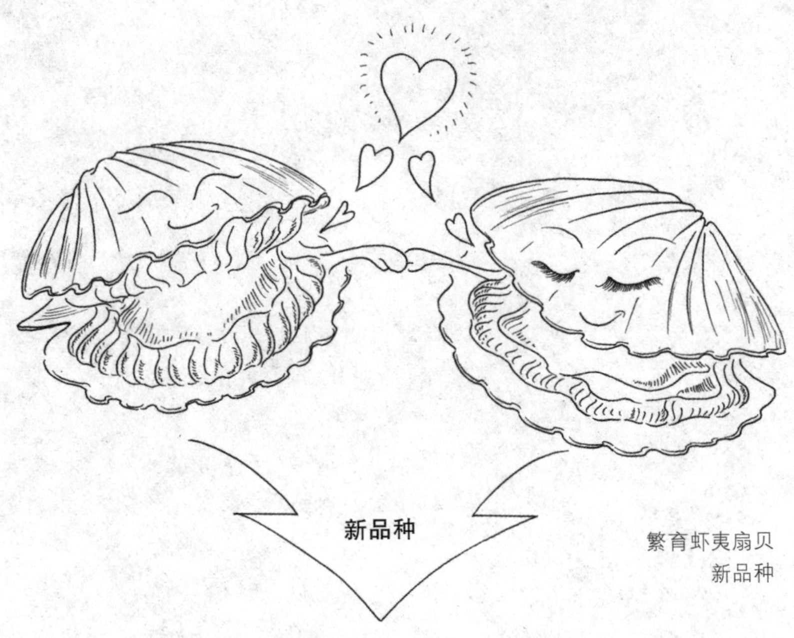

繁育虾夷扇贝
新品种

题。即使在栉孔扇贝发病的高峰期，二者之间存在着的这种互利的关系，也使这个小生态系统得到进一步的改善，而且降低了虾夷扇贝养殖的成本，取得明显的经济效益。

为了保持虾夷扇贝养殖业的持续健康发展，加快培育虾夷扇贝新品种也是一种途径。

前面讲过，虾夷扇贝的左壳为紫褐色，右壳为黄白色，因此被称为“褐色贝”。后来，人们发现在人工养殖的虾夷扇贝中，有一部分壳色发生白化的变异，产生了左右壳均为黄白色的个体，因此被称为“白色贝”。

贝壳颜色较浅的海洋贝类有着更大的生长潜力或代谢活性，这已在贻贝等一些贝类的研究中得到了证明，而且贝壳颜色较浅的贝类比深颜色的贝类更容易适应高温环境。而这预示着虾夷扇贝中的白色贝有更大的选育潜力和更高的经济效益。这种白色贝个体和褐色贝个体之间已产生了一定程度的遗传分化，其原因可能由于白色贝个体大，在育苗生产中选种贝时被优先选择，使得白色贝比褐色贝得到更多的世代选育所致。白色贝在幼体阶段生长速度快，而褐色贝的生长速度相对较慢，而这种生长性能上的优势可以稳定地遗传给下一代。

因此，白色贝群体是一个养殖性状优良的种群，它较褐色贝有

外来海洋贝类——日本盘鲍

土著海洋贝类——皱纹盘鲍

着生长快、易于度夏等优点。通过对白色贝进行定向选育，可望培育出优良的虾夷扇贝新品种，以达到对生长发育指标和经济性状同时改良的目的。

奇特的远缘杂交

我们知道，杂交育种是遗传育种的主要手段之一，是改良遗传性状、培育优良品种的可靠途径。杂交使生物的遗传物质从一个群体转移到另一群体，在这个过程中虽不产生新基因，但可将已有的基因和性状进行重新组合，因此是增加生物变异性以及产生杂种优势的一个重要方法。杂交育种还是常规育种中一种快速、有效的新品种培育手段，目前已经在农业、林业、畜牧业、水产生物等的品种改良和生产中发挥了巨大的作用，特别是在淡水鱼类等水产经济物种方面，培育出了一些优良品种。在贝类中，我国学者曾在牡蛎、珠母贝等的杂交育种实验中均取得了一定的成果，特别是土著的皱纹盘鲍与外来物种日本盘鲍的杂交，使鲍的养殖业在近几年出现了快速的发展。

在扇贝方面，我国也有不少学者认为，通过栉孔扇贝与虾夷扇贝杂交，有可能集中双方的优点，使杂交后代既克服了栉孔扇贝容易死亡的问题，又避免了虾夷扇贝度夏困难和养殖上的麻烦，从而培育出适应能力强、生产性状好的优良新品种。实验发现，它们的杂交子

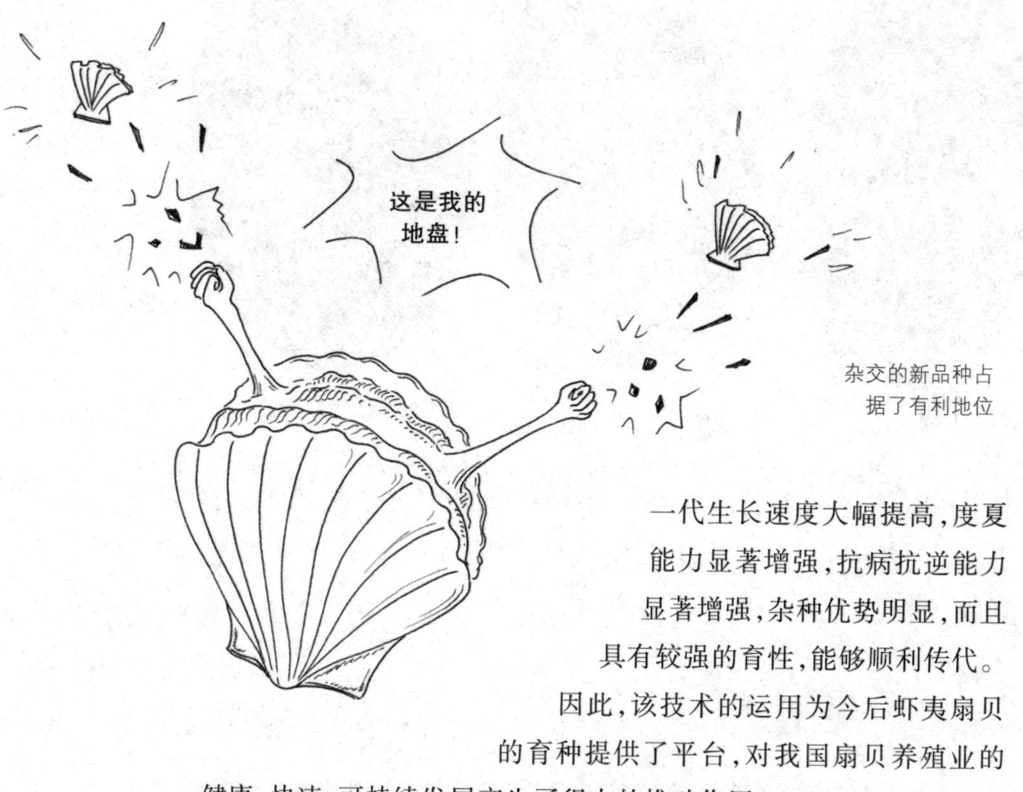

杂交的新品种占据了有利地位

一代生长速度大幅提高，度夏能力显著增强，抗病抗逆能力显著增强，杂种优势明显，而且具有较强的育性，能够顺利传代。因此，该技术的运用为今后虾夷扇贝的育种提供了平台，对我国扇贝养殖业的健康、快速、可持续发展产生了很大的推动作用。

不过，这其中发生了一件有趣的事情。通常情况下，同种之间的受精率较高，异种之间的受精率较低或不能受精。栉孔扇贝和虾夷扇贝在分类上同科不同属，亲缘关系相距较远，无论在形态或生态上都有明显差别，而且它们的精子和卵子的形态均有着明显的差异。

然而，奇特的是，栉孔扇贝和虾夷扇贝之间的受精似乎并不存在这种明显的种属特异性，它们之间较高的受精率从前是十分少见的。例如，在虾夷扇贝和海湾扇贝的杂交组合中，最适条件下，受精率往往只能达到70%左右；在栉孔扇贝和海湾扇贝的杂交组合中受精率往往也不高；而在栉孔扇贝和华贵栉孔扇贝的杂交组合中，受精率仅有50%左右。相比之下，栉孔扇贝和虾夷扇贝杂交的受精率一般均可达95%以上，说明它们之间具有更强的配子亲和力。

当然，实验室中所有的杂交组合均是在精子量足够，精子活力非常高的情况下进行受精实验的，在其他受精条件下，如精子浓度较低及精子活力较差等情况下，结果还未为可知。但不管怎样，栉孔扇贝和虾夷扇贝在通常情况下的受精是没有问题的，这就为栉孔扇贝和虾夷扇贝的杂交育种提供了生物学基础。

在染色体数目上，绝大部分杂交子代早期胚胎的染色体数目为38条，与其双亲一致。在染色体构成上，绝大部分杂交子代分别继承了栉孔扇贝和虾夷扇贝各一套染色体。杂交子代在胚胎发育早期为精子和卵子结合水平上的真正的杂交种。这两种扇贝的配子之间有较强的亲和力，不存在配子前生殖隔离，杂交种中两亲本的染色体能“和平共处”。

潜在的遗传污染

近几年，随着虾夷扇贝养殖规模不断扩大，在大连旅顺附近的渤海、黄海沿海已经能够采到大量虾夷扇贝天然苗种。尤其是大连旅顺渤海侧海域，虽然没有虾夷扇贝成体，但是能够采到具有生产规模的虾夷扇贝天然苗种。每年的5月中旬以后，渤海侧沿海出现虾夷扇贝幼体，且大部分个体较大。调查发现，这些幼体主要来自黄海北部虾夷扇贝养殖海区。

每年进入5月中旬，虾夷扇贝的幼体主要集中在金石滩至老铁山东部一带，而且出现即将附着的成熟幼体。进入5月下旬，虾夷扇贝的幼体主要分布在旅顺渤海侧沿海，而且较大个体的比例增加。这个现象说明，幼体在海流的作用下，从发生地向旅顺渤海侧方向移动，并且在移动过程中不断地生长发育，部分发育成熟的个体就地附着，尚未成熟个体则继续向前移动，进入渤海侧时成熟幼体的比例增加。这说明，虾夷扇贝在我国的黄海北部已经形成了自然种群。

虾夷扇贝

皱纹盘鲍

于是，人们开始担心虾夷扇贝对我国土著扇贝造成遗传污染，从而影响我国黄海、渤海海域扇贝的遗传多样性。

遗传多样性是指不同群体之间或一个群体内不同个体的遗传变异的总和。遗传多样性是进化和适应的基础，种内遗传多样性越丰富，物种对环境的适应能力就越强，否则就会威胁物种或种群的生存。由于人类对海洋资源的开发利用强度日益加剧，我国海洋生物遗传多样性已经受到各种威胁。其中，海洋外来物种入侵是除生境破坏外，生物多样性受到威胁的第二大因素。它通过船底附着生物、船舶压舱水传播和人为引进外来养殖品种或活饵料等途径迁移至新栖息地，与当地物种杂交或竞争，影响或改变原生态系统的遗传多样性。

如果引入海洋经济物种与当地区系中的某些物种有紧密的亲缘关系，当外来物种同土著物种发生杂交时，独特的基因型就可能从当地种群中消失，物种分类的界线变得模糊不清。此外，目前的海水养殖品种的遗传改良还主要以杂交为主要手段，这样也往往会破坏生物的遗传多样性，有的已明显造成遗传污染、物种混杂和物种的灭亡。非科学的人工增殖也会减少海洋物种的遗传多样性。

改变当地生态系统的遗传多样性，造成遗传污染，在我国已经有深刻的教训。非游泳生物中贝类的遗传污染情况也很严重，尤其是皱纹盘鲍。我国曾利用引进的日本盘鲍与土著的皱纹盘鲍进行杂交，生产出的杂交鲍使我国衰退的鲍养殖业重新振兴并快速发展。但后来的评估结果发现，杂交已导致皱纹盘鲍的种群基本消失。

在自然界，栉孔扇贝和虾夷扇贝的繁殖季节相差很大，在我国山东沿海，栉孔扇贝的繁殖期一般在每年的5～6月份，当海域水温达到16～22℃时开始产卵，而虾夷扇贝则在每年的3～4月份，水温8～8.5℃时即开始繁殖。因此，在自然条件下，繁殖季节的差异可能是两者之间不能杂交的一个主要原因。

但是，因为目前在实验室条件下已经获得了它们的杂交后代，这样的后代若出现在自然生态环境中，生长繁殖，其群体再与土著种杂交就更为容易，这样势必对我国土著扇贝种类造成严重的遗传污染。

看来，提高公众意识，唤醒全民防范的自觉性和主动性，对于预防、控制和治理海洋外来物种入侵与遗传污染，是一件具有重大意义的事情。

（李湘涛）

梁玉波，王斌. 2001. 中国外来海洋生物及其影响. 生物多样性，9(4): 458-465.

林学政，王能飞，陈靠山等. 2005. 中国外来海洋生物种类及其生态影响. 海洋科学进展，23(增刊): 110-116.

田家怡，闫永利，李建庆等. 2009. 山东海洋外来入侵生物与防控对策. 海洋湖沼通报，2009(1): 41-46.

徐海根，强胜. 2011. 中国外来入侵生物. 1-684. 科学出版社.

李家乐，董志国. 2007. 中国外来水生动植物. 1-178. 上海科学技术出版社.

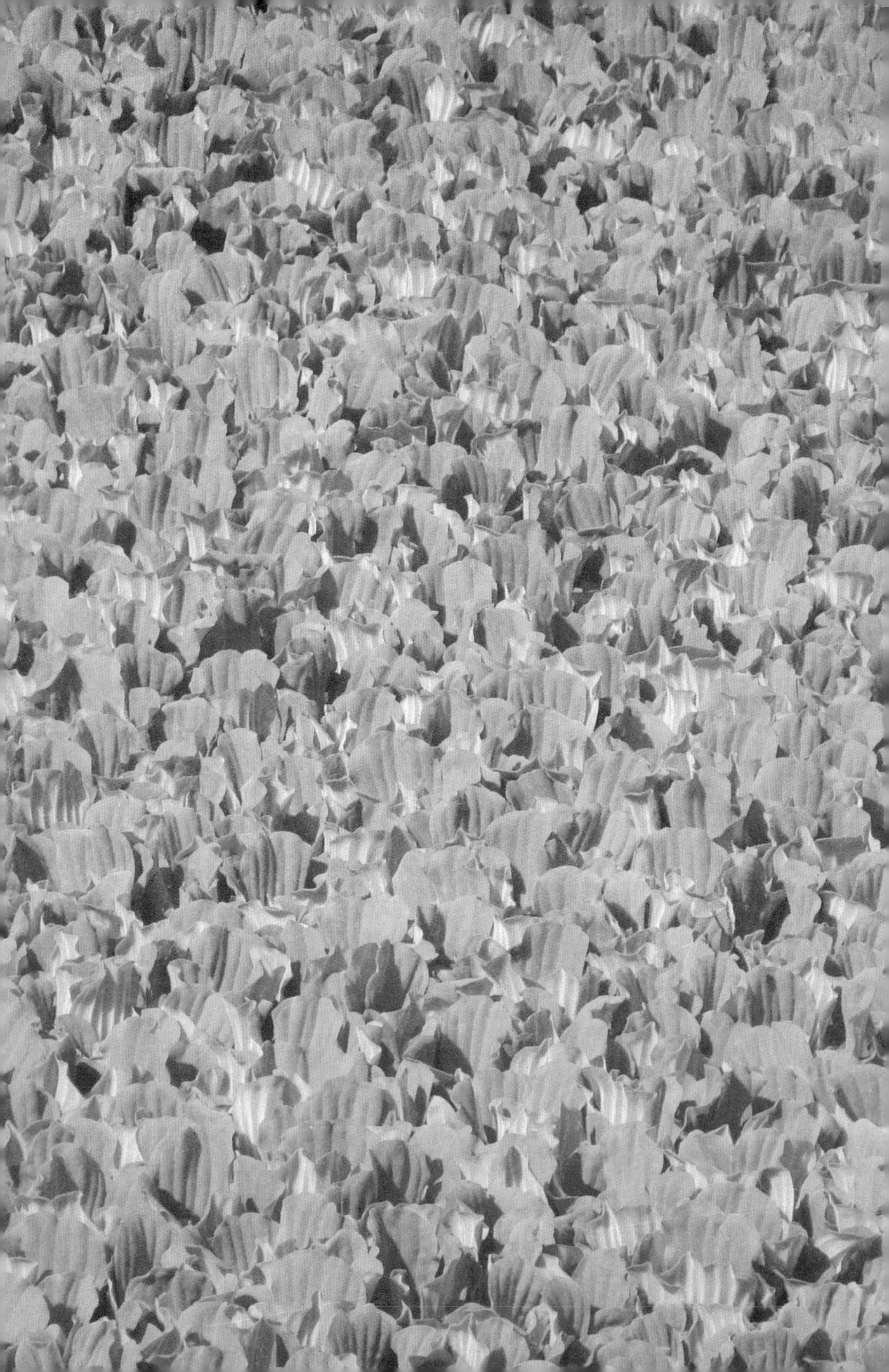

大薸

Pistia stratiotes L.

大薸一度被视为青绿饲料的优质来源，也被用于净化水质，但因其容易扩张至整个水面，导致进入水体中的光线不足和水中的溶解氧浓度下降，水生生物纷纷死亡，生态系统解体。为了防范这类悲剧的发生，人们在做这些事情的时候必须制定有效的措施，不要让引入的植物有逃逸的机会。

偶得"水白菜"

不同地方、不同时代的童年生活,有的幸福,有的愁苦,但却都是每个人最为珍贵的记忆。对于像我这样生长在南方农村的七零后来说,童年与一件事情无法分开,那就是养猪。那个时候,我们村的农民几乎每家每户都会养上那么一两头猪,一是全年的收入几乎都寄托在它们身上,二是到过年的时候有肉吃。这两点我记得非常清楚,因为我上学的学费就是靠卖了猪才有着落的。我的小孩有几次听我讲过我小时候的一个故事。那是一次卖了猪后,父亲给了我一点钱,我马上就拿着它走进了全乡仅有的一个新华书店,买了一本《小学生作文指导》,由于手没有洗干净,结果新书的封面上就沾上了猪血。这种记忆真是太深刻了。

大薸

既然养猪对于我们是如此的重要,那么怎么让它们长得又肥又壮,还要长得快,就是我们必然要考虑的事情。那个时候我们并不知道有饲料这样一种东西。在夏天的时候,猪的食物来源主要是红薯苗、南瓜苗等,在冬季则是贮存的红薯和南瓜。这些都是自家庄稼地里种植的,量并不是很足,无法满足猪的生长需要,因此就要到野地里为猪寻找更多的食物,而这个任务一般就落在各家的小孩子身上。好在我们那时候只有语文和数学两门课程,学习任务轻,基本上没有多少课外作业,因此,放学后小伙伴们就每人从自己家里背了一个竹篓出来,三三两两地结伴去野地里挖野菜给猪吃。

野外的食物多种多样，但是具体有哪些植物却不记得了，因为那时候根本就不知道它们的名字。不过，有两种倒是还有印象，到后来学植物的时候对上名称了，到现在还记得，其一是车前草，另一种是糯米团。车前草长在地里，要用小铲子从地里一棵一棵地刨出来，把根部带的土抖干净再放到竹篓里；糯米团就省事多了，直接将它们的茎叶拽进背篓里就可以了。就这样，在天黑之前，基本上可以背着满满的一篓野菜回家。像车前草这样从地里刨出来的植物，肯定还要洗一洗，总不能让猪吃土呀。回到家后，父母把事情忙完，就着煤油灯（那个时候没有电灯）的灯光将红薯苗、我们采回来的野菜等剁碎，让猪美餐一顿，而我们则赶紧复习或者预习一下功课。

现在城市里的人肯定对那时候猪的幸福生活特羡慕，因为它们吃的那些东西现在可都是高档的"绿色食品"，但是我们当时可不觉得。天天采猪食累得腰酸背疼不说，主要是几乎没时间看自己喜欢的书了。后来，除了饲料之外，一种植物的出现让人们看到了解除这种劳累和束缚的希望。

有一天，一种植物悄悄地出现在了我叔叔门前的池塘里。开始的时候，它并没有引起人们的注意，但是没过多久，这种植物居然越来越多，变魔法似的逐渐在池面上铺展开来，这下不由得大家对它驻足观赏，并议论纷纷。

这种植物挨挨挤挤地漂浮于池面之上，肥厚的叶片呈扇形，从中央的一点向四面八方伸展，一层又一层的，与观世音菩萨所坐之莲花宝座相仿佛，每个叶片还有多条平

观音菩萨像及莲花宝座

行的沟沟壑壑，就真的仿佛扇面上的折痕一样，看上去甚是漂亮。

看来大多数的村民都没有见过这种植物，因此便纷纷向我叔请教。我叔是个闷葫芦，平时寡言少语，但是脑子并不闲着。不过，在众乡邻的询问之下，他还是慢慢把事情的来龙去脉讲了个清楚。原来，他管这种植物叫"水白菜"——嗯，看上去的确很像白菜。有次他在我婶的娘家见到了这种植物并了解到它生长速度非常快后，就寻思着能不能用它来做猪的饲料——这可比去野外挖野菜方便多了，因此就带了两株这样的植物回家，并把它们放在了门前的池塘里。

大家觉得我叔说得很有道理，如果能用这种植物喂猪，的确省

大薸随波漂流

事多了，因此自己有池塘的村民都纷纷从我叔那里提溜了一两株“水白菜”回去了，池塘里的“水白菜”就少了不少。我叔也不管，反正这种植物长得快，很快就又会长满池塘的。

谜一样的身世

人们常说，希望越大，失望也会越大，这话不无道理。众乡邻本来满怀期望地把“水白菜”带回了家，而这些“水白菜”也的确长势喜人，但是当把它们煮熟了再喂猪的时候，问题出来了——猪似乎不喜欢这种“水白菜”的味道，它们嚼了几口后再也不愿吃了。时间长了，它们竟渐渐地瘦了下去。众乡邻本来眼巴巴地盼着猪快快长大长胖可以卖个好价钱，这下几乎是失望透顶了。过了一段时间后，就再也没人提“水白菜”的事了。

问题远不止这些。村民再也不用“水白菜”去喂猪了，而是回归以前那种劳累的方法。但是池塘里的“水白菜”并没有闲着，过了没多久，它们竟铺满了村中各个池塘的整个水面，池塘中隐隐约约散出一些臭气来。原来，村民挖池塘可不是为了游泳的，而是在其中放养

猪似乎不喜欢这种“水白菜”的味道

了若干的鱼。在“水白菜”到来之前，我们可以看到鱼在池塘里悠哉游哉，但是“水白菜”长满池面后，就再也见不到它们了。开始的时候大家还很乐观，认为“水白菜”的根给鱼提供了充足的食物，鱼会很快长大的，没想到竟慢慢地死光了，而池塘中传来的臭气就是来自它们腐烂的尸体。

真是一波未平，一波又起，众乡邻简直出离愤怒了。大家迅速行动起来，将池塘里的“水白菜”悉数提溜出来，堆放在池塘边上。脱离了水环境的“水白菜”在太阳的曝晒下很快地萎缩死亡了，从此，在全村的池塘里再也没有见到一株“水白菜”。

从我叔带来“水白菜”，到大家纷纷种植“水白菜”，再到大家一起消除“水白菜”，也就是两三年的光景。在这段时间里，村民们也从充满希望，到感到失望，再到出离愤怒，其中的心路历程，真可谓一言难尽。

后来，我才知道，我婶的娘家并不是“水白菜”的最初来源地，甚至连我们偌大个中国起先都没有这种植物。而伴着这种植物的出没，乡邻们的那种从希望到失望的心理起落亦在其他地区一再上演。

原来,“水白菜”是一种通俗的叫法,而它的“学名”是大薸*Pistia stratiotes* L.,在不同的地方又被称为大萍、大蕊萍、大莲或者水芙蓉等,是天南星科的一种。它们的故乡在南美洲,那几乎是距离中国最为遥远的地方,并且中间还相隔了一个广阔的太平洋。我很清楚地知道,“水白菜”是由我叔从他岳父那边带到我们村子里去的,但它们是怎么由遥远的南美洲来到中国的,几乎已经没人知道确切的答案,其中的部分原因也许隐藏在它的名字当中。

据我猜测,许多朋友第一次见到它的名字——大薸的时候,可能都不知道该如何将它读出来。这不是我小看大家,事实上,许多植物和鸟类都有着奇奇怪怪的中文名字,而这些名字是古人取的,现在基本上不流行了,现代的人认不出来是再寻常不过的事了。由此我们也可以知道,大薸来到我国的时间肯定不短了。是的,我国最早记录这种植物的文献可以追溯到明朝万历二十一年(1593年)李时珍完成的那本赫赫有名的《本草纲目》。但是这位老先生除了在他的书中谈到了大薸的药效之外,对于这种植物的来龙去脉只字未提。如今,时间已经过去了400多年,“历史变成了传说,传说变成了神话”,我们已经很难窥见历史的真实面目。

那么，权且让我们来推测一下事情究竟是如何发生的吧。

大薸为多年生浮水草本，具有众多长而悬垂的根，它们的须根羽状，十分密集。叶簇生成莲座状，叶片常因发育阶段不同而发生变化，多呈倒三角形、倒卵形、扇形，先端平截或者浑圆。叶片的上下两面均长有淡白色的茸毛，这一点在基部尤为明显。正如我在前文所说的，所有叶片都是从中央一点斜斜地向四周伸展，好几层叶片叠加在一起，看上去就像是观世音菩萨的莲花宝座，真是十分漂亮，有时恨不得自己也像菩萨一样坐上一坐。

我想事情的原因可能就在这里。当时的某个人在巴西发现了大薸的美，就把它带到了自己的家乡。其他人在他那里见到了美丽的大薸，一番欣赏和赞叹之余，也顺手拿了一株两株。这种情形就像接力赛跑中的那根棒子一样，大薸在一众选手之间传递着。到了明朝的时候，中国人接

分株繁殖

下了这一棒，只不过，我们已经不记得是从谁手上接过来的了，而谁又从我们手中接过了下一棒。

这种接力得以存续下去得有一个基础，就是大薸要很容易地在每个“运动员”的手上生存下来并繁衍出足够多的个体，以成功地传递给下一个“运动员”。否则，这个接力赛就到此结束。大薸的确满足这样的条件。

像扇面一样的叶子

高效繁殖

大薸颇不耐寒，它们喜欢生活在温度较高、气候湿润的环境中，一般要求温度在15～45℃之间。温度低于10℃时，叶子会掉落，根也会腐烂，要是温度低于5℃则会枯萎死亡。在我国的江南地区，全年温度基本都在10℃以上，因此，它们在那里生存一点也没有问题。即使是我国的北方，夏季也完全可以满足它们的生长条件。

在条件适宜的地方，大薸可以快速地生长并繁殖，其诀窍在于它们的繁殖方式。除了前面介绍的水生环境和姣好的外形，我们迄今尚未谈到这种植物的花。大薸的花出现在夏季高温多雨的时节，也就是说，在江南一带，它们大约在7月份开花，而在北方，譬如说北京地区，它们的开花时间会稍晚一些，大约在8月份左右。它们的肉穗花序并不明显，长度也就是1厘米上下，短小的花序轴在莲座的正中央。肉穗花序为白绿色，背面的三分之二与佛焰苞合生。佛焰苞的外侧有绒毛，花呈白色，属单性花，但是同一株植株上既有雄花也有雌花，也就是植物学上所称的“雌雄同株”。雄花生于花序的上部，有2～8朵；雌花生于花序的下部，仅有一雌蕊，所有雄花和雌花均无花被。佛焰苞在分隔雄花和雌花之间的位置收缩，在早晨的时候先展开下部分，暴露出雌花潮湿的柱头，而包裹雄花的上部分则在数小时后再展开。一般在开花之后的两到三个月，种子成熟。大薸的果实是一种浆果，其内含有4～6粒种子。种子椭圆形，呈绿黄色，体积很小，1000粒种子大约重1.55克。种子成熟后，果皮裂开，这些种子脱落下来就会掉入周围的水中。

大薸的大部分种子都将沉入水底，并有可能一直待在那里，因此水底构成了它们的种子库。在有些地方，种子的密度可以达到每平方米4000粒。种子的萌发需要很强的光照，温度也要在20℃以上，并且要在浅水之中。因此，大薸的大部分种子都很不幸地只能在水底沉睡，等待合适的时机再苏醒过来。看来，大薸想像其他植物一样通过种子进行扩张是行不通了。

但是，“上帝为你关上了一扇门，必定会为你打开一扇窗。”我觉得这句话用来形容大薸的情形是再合适不过了。虽然大薸的大部分种子都沉入了水底，没有及时萌发长成新的植株，但是它们通过其他

大薸的花

的方式弥补了这些损失——在某种意义上，这种方式甚至比种子更有效率。原来，在大薸的叶腋处有一种芽叫作腋芽，这种芽可以抽生出匍匐茎向外伸出，达到一定长度后就在先端长出新的株芽，并发育成一个新的植株。等这个新植株长成后，与母植株联结着的匍匐茎就会断开，新植株独立成新的个体。每个植株可以同时长出多达10条匍匐茎，因此这种繁殖方式的效率十分惊人。在气候合适的情况下，如果水体中氮和磷的养分多，pH值也不高，那么，一个月内每个植株可以通过这种方式繁殖出50 ~ 60株新个体。这种新植株又可以反复地通过这种方式产生更多的新植株，这样，我们的接力赛就可以一直进行下去。

知识点

植物的花序

植物的花根据其着生情况，可以分为单生花和花序。单生花是在茎枝顶端或叶腋部位只有单独一朵花，如桃花、玉兰、牡丹、荷花及郁金香等，而花序是指一系列的花以固定的方式排列于花梗之上。根据花在花梗上的排列方式、开花的顺序，又可以将花序分为总状花序、伞房花序、伞型花序、头状花序、隐头花序、穗状花序、柔荑花序、肉穗花序等。其中天南星科植物的肉穗花序有一佛焰苞片包被，因此又被称为佛焰花序。单生花和花序是植物的固有特征之一，在分类上具有重要意义。

总之，无论事情的真相如何，大薸已经在中国扎稳了脚跟，并且通过它们高效的繁殖方式，迅速地在我国南方的各大水体中蔓延开来。

忧大于喜

当然，大薸的蔓延之势与人密不可分。依我看来，人与其他生物相比最大的优势就是有着丰富的想象力。拿大薸一事来说，当人们一看到大薸的长势后，马上就联想到了利用这种植物来做猪饲料的广阔前景：不仅仅我家乡的村民是这样想的，就是专家也是这样想的。《中国植物志》写得非常清楚："大薸主要是靠分株繁殖，据统计，华东地区4～10月为它的生长期，夏季晴天高温时，一株大薸在10天左右可增殖7～8株，一个月可增殖60株左右，每亩水面平均每天可产500～1000斤，最多可达2000斤，如管理得当，全年产量可达10万斤以上，在高温多雨的热带地区，亩产当远远超过此数。本种营养丰富，所含粗纤维较少。据分析，全株约含蛋白质1.25%，脂肪0.75%，碳水化合物和淀粉9%，以及少量的矿物质和维生素，是产量高、培植容易、质地柔软、营养价值高、适口性好的猪饲料，为适应养猪事业的不断发展，扩大青绿饲料来源，放养大薸有很重要的意义。"因此，从上世纪50年代起，我国就大力推广种植大薸以作为猪饲料。不幸的是，至少在我们村，这个前景被事实无情地否决了，我只好又去挖了好几年野菜。

猪

人们联想到的大薸的第二个用途是净化水质，其出发点同样也是因为它们生长发育得快，另外一个原因就是它们的须根十分发达，吸收能力强。这一点似乎在不少地方都得到了验证。重庆渝北区龙溪红岩水库的两边有污水管直排，弄得整个湖水黑乎乎、臭熏熏的，但是在2007年的夏季，重庆发生洪水，冲了几株大薸到这个水库。到了8月份的时候，大薸滋长起来，臭味比以前少了，水的颜色也没有以前黑了。虽然有这些例证，但是，我还是得说，这种想法有点天真。大薸发达的根系的确能吸收污水中的有害物质和过剩的营养物质，但是它们的根也同样很容易腐烂，腐烂后它们吸附的那些有害物质还同样会返回到水体中，并且更容易让水发臭。因此，最好是有一个良好的制度防止水体受到污染，不要走那种先发展再治理的死路。如果真是到了非要用大薸来净化水质的地步，那么也要在它们的根腐烂之前把它们打捞上来，放在阳光下晒干，或者送到专门的处理厂

成片的大薸

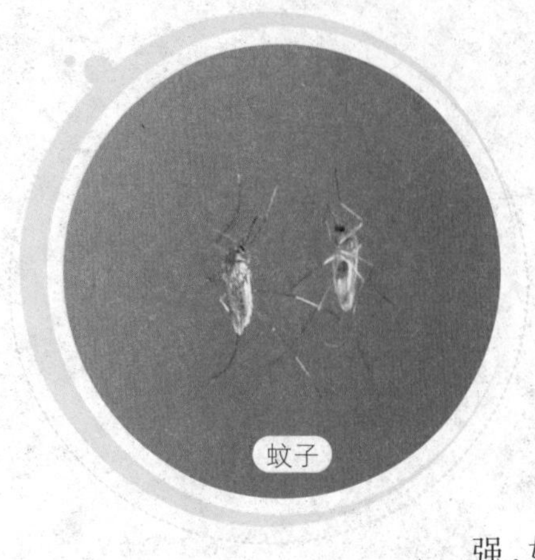
蚊子

进行处理。

关于大薸的第三个用途似乎与我们中国人关系更为密切，那就是把它们视为一种中药材。关于这一点，从著名的《本草纲目》到《全国中草药汇编》等药学著作中均有记载。有一点我想提一下，这一点正好与前面提到的第二个用途有关。大薸的吸收能力很强，如果它们生活的水体中有重金属等有毒物质污染的话，也很容易将这些物质富集到它们体内保存下来。因此，当大薸入药的时候，一定要注意它们的来源地，其重要性即使不说我想大家也能明白。

好了，大薸既然有这么多的用处，而大家当时无法看到我现在所列举的那些弊端，因此，很快地各地群众就风风火火地种植起这种植物来。大薸喜欢温暖湿润的气候，我国南方很适合它们生长，因此在我国南方的各大湖泊中逐渐就有了它们的踪迹，甚至在无法越冬的北方，夏天的时候也可以看到它们优雅的身影。2013年我在北京的奥林匹克公园的湖面上就看到了一片大薸，它们引来了不少游客驻足观赏。

大规模成片的大薸的确有一种震撼人心灵的美，但是它们也产生了一些意想不到的后果。因为大薸的自身繁殖能力很强，它们很快就会在新的水体中连片生长，直至将整个水面覆盖，其致密程度可以将投向水中的光线完全阻隔。这可不是一件小事，因为在同一水体中还有其他的浮游植物，它们也是生态系统中的生产者，需要足够的阳光来进行光合作用。现在成片的大薸挡住了投入水中的光线，导致这些浮游植物无法生存，以其为食物的水生动物也跟着遭殃。另外，大薸庞大的根系消耗掉溶解在水中的氧气，其他浮游植物的光合作用也受到抑制，水中严重缺氧，水生生物纷纷死亡，于是当地的水生生态系统轰然倒塌。正是这一点，引起了我那些乡邻们愤怒的情绪，最终决定将它们全部从水中捞出，斩草除根。

大薸植株之间的匍匐茎很容易断裂，游离的植株很方便地随着水流漂到其他地方，在有洪水的时节里，情况更是如此。因此，本来人们是把大薸种植在湖泊中的，但是它们很快就出现在了下游的航道和河流中并大肆繁殖起来，阻塞航道，在洪水来临的时候也不利于泄洪。

大薸的另一个危害不是很明显，但是我们同样不能等闲视之。成片的大薸为蚊虫等害虫提供了十分理想的繁殖场所，因此成为当地居民健康的一个隐患。到了炎热的夏天，大薸腐烂的根部会发出强烈的恶臭，行人不得不掩鼻而过。

我得说我们的村民是幸运的。其一，大薸种子的传播能力和繁殖能力不强；其二，他们只是在自家的池塘里种植；其三，他们及时地清除了它们。这三个因素使得大薸没有机会逃逸到其他地方，很快就在我们那里绝迹了，没有造成更多的危害。但是其他地方就没有那么幸运了。

最有名的例子当数云南昆明的滇池。300年前，“五百里滇池，奔来眼底。披襟岸帻，喜茫茫空阔无边！”（清孙髯题昆明大观楼语）现在则由于污染和大薸等水生生物的入侵，完全变了样，湖面的很大一部分已经为这些植物所占据，丝毫没有“喜茫茫空阔无边”那种令人

大薸的入侵一度破坏了滇池美丽的景色

北京奥林匹克公园水域中的大薸

云南西双版纳水域中的大薸

心生豪情万丈的感觉。相反，有一次，我去昆明的时候，滇池那边飘来的臭味让我避而远之。昆明为此治污20来年，投入资金数百亿元，成效微乎其微。2012年8月媒体报道昆明拟对滇池周围6个县区的酒店、旅社入住者，按每人每天10元的标准，开征滇池生态保护费。是不是政府在治污方面的资金吃紧了呢？这一点他们不披露我们无从知晓，但是可以肯定的是，他们开错了药方。

谨慎应对

据统计，我国目前大薸入侵的省份已经达到18个，南方省份危害甚剧。因此，大薸被列入全球最具危险性的100种外来入侵物种名单。为了提高市民对大薸入侵危害的意识，2013年6月27日，农业部组织了湖南、湖北等十多个省市的农业环境保护站和农业厅科教处负责人及其下属一些机构的专家，在广西壮族自治区来宾市开展了灭除大薸的现场活动，国内多家媒体对此进行了报道，其中包括了新华网等中央级的媒体。由此可见，全国从上到下都已经意识到大薸对农渔业所造成的威胁。

面对大薸的威胁，我们的办法并不是很多。除草剂要慎用，以免造成二次污染，尤其是涉及居民水源的地方，更是绝对不能使用的。最有效的办法就是将水面上的大薸打捞上来，其要点有二：一是要一次性打捞干净，二是要送到专门的处理场所进行处理。第二点好办一些，第一点对于面积大的水域而言相当困难。考虑到大薸的繁殖速度非常快，打捞人员必须日以继夜地干活才有可能将其打捞干净，这将耗费大量的人力物力。另外，打捞之前应当与水道上下游的政府沟通，协同合作，同时对河道进行清理，否则一处刚刚清理完毕，从另一处漂来的大薸将使得此前的清理前功尽弃。人们另外探索的一个途径是生物防治。在大薸的原产地巴西，大薸并未像在入侵地那样造成明显的危害，其中最为关键的一点是那里有着它们的天敌，它们在当地生态系统的平衡中发挥重要的作用。因此，最自然的想法就是从巴西引进大薸的天敌。但为了防止外来物种入侵悲剧的重演，人们在引进大薸天敌的时候慎之又慎。有一种大薸叶象，似乎只吃大薸的叶片，而对于其他植物没有兴趣，因此有可能会成为克制大薸的一枚重要棋子。

人类与大薸之间的纠葛，一时之间无法尘埃落定。你我虽然平凡，但是作为历史长河中的一分子，我们的所作所为将对其走向产生一定影响。我本人并不反对大家适当地种植些大薸之类的植物，怡情养性或者净化水质，但是我很是希望读者在做这些事情的时候能够通盘考虑，制定十全的措施，确定不要让自己所栽种的这些植物有逃逸的机会。事实上，我想我们村的乡亲们在不经意间做了一个非常好的榜样，大家不妨学一学。

（黄满荣）

李振宇，解焱. 2002. **中国外来入侵种**. 1-211. 中国林业出版社.

徐正浩，陈为民. 2008. **杭州地区外来入侵生物的鉴别特征及防治**. 1-189. 浙江大学出版社.

徐海根，强胜. 2011. **中国外来入侵生物**. 1-684. 科学出版社.

万方浩，刘全儒，谢明. 2012. **生物入侵：中国外来入侵植物图鉴**. 1-303. 科学出版社.

环境保护部自然生态保护司. 2012. **中国自然环境入侵生物**. 1-174. 中国环境科学出版社.

红火蚁

Solenopsis invicta Buren

在利用化学药剂有效减少或消灭红火蚁时，要选择对本地蚂蚁危害小的药剂，并使用恰当的施药方法，在杀死红火蚁蚁后和工蚁的同时充分发挥本地蚂蚁抵御红火蚁入侵的能力。这是保护当地生态环境的一种重要战略。

最危险的蚂蚁

红火蚁

2003年10月，我国台湾省桃园县出现了一种火红色的蚂蚁。这种小蚂蚁的外表看上去还挺可爱，不知底细的人甚至可能会喜欢上它。人们哪里知道，这种蚂蚁天生具有强烈的攻击性，如果不小心碰了蚁巢，那可比捅了马蜂窝还危险！成熟蚁巢中的个体数量可达到20万至50万个，它们会从巢内蜂拥而出，以"迅雷不及掩耳"之势，成群地扑上来，以大颚夹住人的皮肤，抖动腹部那个比它自己身体还要长的有毒螯针，再使劲地将其刺入皮肤。更可怕的是，它会反复转动螯针，将其毒囊中的毒液通过螯针注入人的皮肤内。这种蚂蚁的毒性有多强呢？被它蜇过的人，身上先是出现小小的红色蜇痕，感觉火辣辣的灼痛，局部皮肤形成红斑、硬肿，15分钟后会出现奇痒，4小时后出现小水疱，8～10个小时后，蜇痕会慢慢变成大头针大小的脓疱。如果脓疱破裂，常可引起细菌性二次感染。此后，有些人出现淋巴结肿大、发热、头晕、头痛症状，少数人出现全身瘙痒、胸闷、恶心症状，还有少数体质敏感的人可能发生严重的过敏性反应，症状包括喉头或支气管水肿与痉挛，呼吸困难，面色苍白，四肢发冷，血压下降甚至循环衰竭，中枢神经系统因脑缺氧和脑水肿，有乏力、神志淡漠、烦躁不安、昏迷、抽搐、大小便失禁等，严重时毒液中的毒蛋白会造成被攻击者过敏性休克，甚至死亡。

没想到，这些火红色的小不点，竟然还有这致命一蜇！千万不要被它的外表迷惑。这种蚂蚁名叫红火蚁，是世界上100种危害最为严重的外来入侵物种之一，在世界上许多国家的有害外来入侵物种"黑名单"中，红火蚁均处于"头号通缉犯"之列。红火蚁不仅有一个火辣辣的名字，而且一旦在入侵地成功繁殖，就会取代当地的土著蚂蚁，极难剿灭。因此，红火蚁又有"最危险的蚂蚁"之称。

在台湾，被红火蚁入侵的区域包括桃园县、台北县、嘉义县、台北市等多个县、市，受害总面积逾6000公顷，其中约四分之三是农田。例如，在台北市北门附近发现红火蚁蚁丘后，仅过了一天，蚁丘的数量就又新增了四五十个，分布地点也有扩散。特别是很多校园被它们大举入侵，有大约30所大中小学的草地上发现了红火蚁的踪迹，近1万名学生面临着威胁，师生及义工中有多人被红火蚁蜇伤，经住院治疗后幸无大碍。

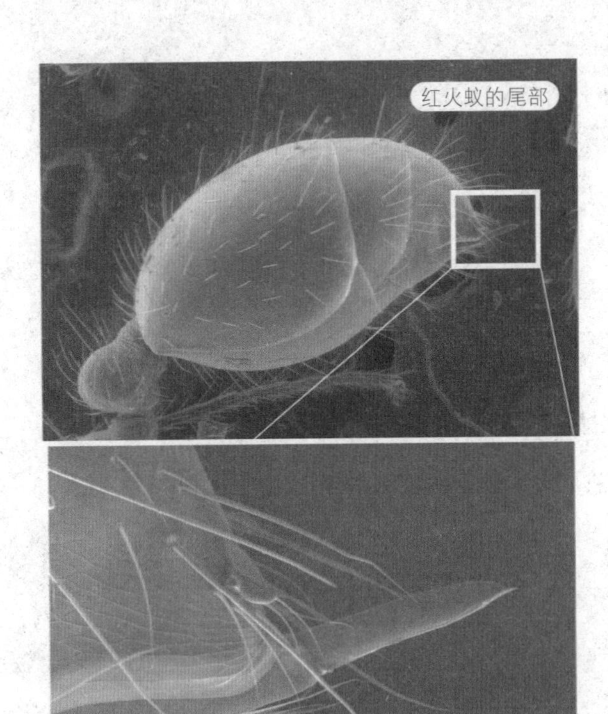

红火蚁电子显微镜图

红火蚁的出现，引起了台湾民众一定程度的不安和恐慌，电视上反复播放着红火蚁灾害的蔓延情况，报纸上的报道整版整版铺天盖地，商店里灭蚁剂的销量更是狂增了5倍。民众们如惊弓之鸟，连被一般蚊虫叮咬引起皮肤肿痒的人也涌进医院，导致门诊数量剧增。台湾“农委会”已正式将红火蚁入侵列为“疫情”。

“无敌的”入侵者

红火蚁*Solenopsis invicta* Buren是隶属于膜翅目蚁科切叶蚁亚科火蚁属的昆虫，其学名中种名的意思就是“无敌的”，而它的英文名Fire ant，指的便是被其叮咬后那种如火灼伤般的疼痛感觉。

红火蚁比一般的蚂蚁要大一些，身体的长度在3～6毫米之间，尤其是头、腹部较大，脚细长，呈棕红色。红火蚁活动快捷，多在房屋

红火蚁的蚁丘

边、柴堆旁、电线杆下和田基上筑巢。所筑巢穴为蜂窝状，巢穴的地面耸起土堆。天气炎热时便蜂拥外爬，天气稍凉则很少出穴。其蚁群分工严密，喜群居并好攻击，对其栖息地周围的环境和生物具有很大的危害性。

红火蚁原产于南美洲巴拉那河流域，包括巴西、巴拉圭和阿根廷等国家。由于检疫上的疏忽，它于1918～1930年间，通过船运的带土植物在美国阿拉巴马州莫比尔一带登陆，后来又通过苗木的调运迅速扩散到美国东南部的广大地区，并以每年近200千米的速度扩张地盘。自此，美国人与红火蚁打了数十载的硬仗，结果还是被红火蚁攻占了12个州超过1.29亿公顷的土地，每年经济损失超过10亿美元，对公共卫生及农业经济造成严重打击。例如，仅在1998年，美国南卡罗来纳州就有3.3万人抵不住红火蚁螯针之痛而求医，其中660人出现过敏性休克，2人死亡。2001年，红火蚁又先后入侵了澳大利亚和新西兰。

红火蚁攻城略地，所向披靡，自然有一些过硬的本领：首先是个个具备特种作战能力，能够快速适应各种生境和气候条件；其次是具备较高的野外生存能力，能利用多样的食物资源；再就是兵多将广，数量众多；还有就是各个头目都具备占山为王的本领，交配的蚁后可以在扩散后建立新的蚁群；另外就是新生力量源源不断，蚁群的生殖能力很强，且个体发育很快，在一年内就可以产生数千只后代；最后一点是别人学不来的，即工蚁的体形差异较大，这种特征让其可以利用更广泛的觅食生态位。

红火蚁在洪水发生期间可以形成漂浮蚁团前进到适合生存的地方

红火蚁

拥有了这些本领，红火蚁可以说浑身是胆。那它是怎样发动攻势的呢？第一种是主动出击，即通过自然传播方式发动战争。它可以从空中发动攻击，最多可飞行5千米左右，扩散能力较强。此外，在遇到洪水时，红火蚁可以形成一个球状的蚁团漂浮在水面上，随水流扩散到其他地区。在这个蚁团中，蚁后及卵、幼虫、蛹被保护在中间，它们即使几周不取食也能存活，直至碰到陆地重新建立新巢。因此，在伴有季节性洪水泛滥的地区，很容易被红火蚁成功入侵。红火蚁还可以随分巢或移巢而作短距离移动，逐步扩张领域。

第二种是随机攻击，即通过人为传播方式建立领地。这通常是由人类无意间的活动引起的。大小不一的蚁巢很容易随着草皮或盆栽树苗中的泥土被长途转运。用于公路、输油管道和电子与通信线路的建筑机械，以及处理垃圾的运输车辆也是常见的协助它们传播的工具。此外，新交配的蚁后易被车辆等物体的反光表面吸引，会成百上千地聚集在卡车、火车的车板上，被运输到很远的地方，而每头蚁后都可独立开创一个新的蚁巢。我国继台湾省的部分地区发现红火蚁入侵之后，2004年年底又在广东省吴川的部分地区出现了它的身影。到2005年12月，我国已在广东、广西、福建、湖南、香港、澳门等地发现很多个红火蚁疫点，其中广东省发生的面积最大。由于我国南方红火蚁的天敌很少，再加上气候适宜，所以它们在这里过上了“无忧无虑”的生活。

在一般情况下，红火蚁对人的伤害还是有限的，致人死亡也是极少数的个案。身体健康的人被红火蚁叮咬后，虽然会出现火辣辣的疼痛感和水疱，但只要及时进行简单的治疗就可以缓解。当然，我们也有办法对付红火蚁的袭击，首先是要注意防范。在有红火蚁侵入的地区劳动，或进行其他户外活动时，要穿着长雨靴并戴手套，鞋外周可环绕涂上凡士林，防止被其咬伤。发现红火蚁后不要触动，不要踩踏蚁巢，更不要用手去触摸、捕捉红火蚁，以防发生危险。红火蚁蚁巢一经发现，要立即做出明显标志，以免人群接触，造成伤害。

一旦被红火蚁所伤，第一时间要用肥皂与清水清洗伤口，用食醋浸泡伤口20分钟，以稀释或降低毒素的毒力，减少灼烧痛感。可尽早用肤轻松软膏、皮炎平等含类固醇药物涂搽，减少炎症的出现，同

蛙

蚯蚓

红火蚁可捕杀的动物

蜥蜴

红火蚁可为害的植物

时可止痒。如果是多部位或头面部被咬,容易出现全身症状,如全身瘙痒、发烧、头晕头痛,可用扑尔敏、赛庚啶等抗组胺类药物治疗,尽量避免搔抓;若伤口出现继发感染,或出现严重过敏反应,需尽快求医就诊。事实上,红火蚁的可怕之处并非仅限于人身安全,更严峻的是它们对入侵地生态构成难以估计的灾难。红火蚁不喜欢单挑,喜欢“以多欺少”。它们很少单独出击,进攻时不仅喜欢成群蜂拥而上,而且几乎同时叮咬袭击目标。它的食性广泛,可荤可素,既可以捕杀昆虫、蚯蚓、蛙、蜥蜴,也可以采集植物种子。对于体形相对大的动物,如小型哺乳动物和鸟类等,它们也会选择眼睛等要害器官发动攻击,特别是伤害哺乳动物和鸟类的幼雏,并骚扰人和牲畜。它们过度捕食无脊椎动物,很大程度上取代了无脊椎动物的其他多数捕食性种类,成为无脊椎动物捕食者中的优势种。由于无脊椎动物是许多高等动物重要的食物来源,因此无脊椎动物种群数量的减少,对高等动物所造成的影响是难以估计的。同时,红火蚁通过取食农作物的幼芽、根、茎等危害农业生产,属于重要的农业害虫,受害作物名单包括大豆、玉米、柑橘、黄秋葵、黄瓜、茄子、豆类、甘蓝、白薯、花生、马铃薯、高粱、向日葵等。

红火蚁危害其他生物可以说是狠、稳、准。第一是狠,它攻击、捕食刚孵化的地栖性卵生动物个体,尤其是以群体力量捕食昆虫幼虫、成虫等;第二是稳,它与其他动物竞争有限的食物资源,导致其他物种因为缺乏足够食物供给而种群数量减少甚至灭绝;第三是准,

红火蚁可为害的植物

通过叮咬而使得某些动物的存活率降低，改变生境，甚至弃巢外逃，或者因为受攻击活动量加大而增加被捕食的概率。科学家甚至有这样的悲观估计：在我国《国家重点保护野生动物名录》中列举的379种野生动物中，有22种鸟类（占9.6%）、1种两栖类（占14%）、所有的18种爬行类（占100%）可能会因为红火蚁的入侵导致种群数量下降甚至灭绝。

许多害虫只造成某方面的危害，红火蚁则不一样，它不仅是医学害虫、农业害虫，而且还是城市害虫。虽然红火蚁偏爱在地下和阳光充足的地方建巢，但它们也可将巢建于居室内的墙缝中、地毯下、衣橱及阁楼的箱子中。无论在室内还是室外，红火蚁建巢时通常会携带大量的泥土，清理这些泥土也造成了额外的负担。因此，红火蚁甚至可以给住宅、公寓、商店等带来严重的问题。

高度社会化

红火蚁是具有高度社会化组织的动物，是一种真社会性昆虫，包括有翅雄蚁、有翅雌蚁、蚁后及职蚁（工蚁和兵蚁）。它们分工明确：职蚁没有翅，主要工作为搜寻食物，喂食、照顾幼虫及蚁后，防卫巢穴、抵抗入侵者，将蚁后搬离危险处；有翅型个体（即繁殖个体）住在蚁巢内直到交配时才飞离蚁巢；蚁后负责繁育后代。一般蚁后寿命约6～7年，职蚁寿命约1～6个月。红火蚁没有特定的婚飞时期(交配期)，只要蚁巢成熟，全年都可以有新的生殖个体形成，但通常婚飞活动在3～5月份比较集中，交配时机通常在雨后的清晨或黄昏。雌、雄蚁一般会飞到90～300米的空中进行婚飞与交配，婚飞活动一般发生在周围空气温度为24～32℃，相对湿度在80%或更高的时候。有翅蚁婚飞时先有大量工蚁外出，半个小时到一个小时后有翅蚁便从工蚁打开的婚飞孔涌出。离巢后，有翅蚁先在蚁丘上来回跑动，不时挥舞它的翅，然后攀爬到蚁丘位置较高的地方或枯枝顶、草尖上试飞，之后以弹跳飞跃形式起飞。整个婚飞过程通常持续2小时左右。

土壤干燥时有翅蚁只在巢内活动，并不婚飞，婚飞发生在土壤湿度较大时，通常以雨天初晴时最多。不过，有些“意外”也会触发婚飞活动，比如在夏季干旱季节，草坪和绿化林带在人工喷洒灌溉后，红火蚁蚁巢被淋湿，也会出现大量有翅蚁婚飞。有翅蚁在雨前2小时到雨后2天婚飞活动较常见，表明这段时间的空气和土壤相对湿度较大，既有利于有翅蚁的飞翔，又有利于新蚁后落地后掘洞躲藏，以免因长时间暴露而被天敌捕食，或因其他不利因素而夭折。另外，湿润的土壤能减少新蚁后的挖掘成本，可以节省出更多的能源来哺育第一批小型工蚁。

不过，对于一些红火蚁来说，婚礼也是葬礼。在红火蚁甜蜜的婚飞时，危险就在眼前。事实上，在这个过程中，其死亡率是相当高的，因为它们遭受了来自水陆空三方面的威胁：空中飞舞的蜻蜓会吃掉刚刚交配完毕，尚未落地的雌蚁；地上

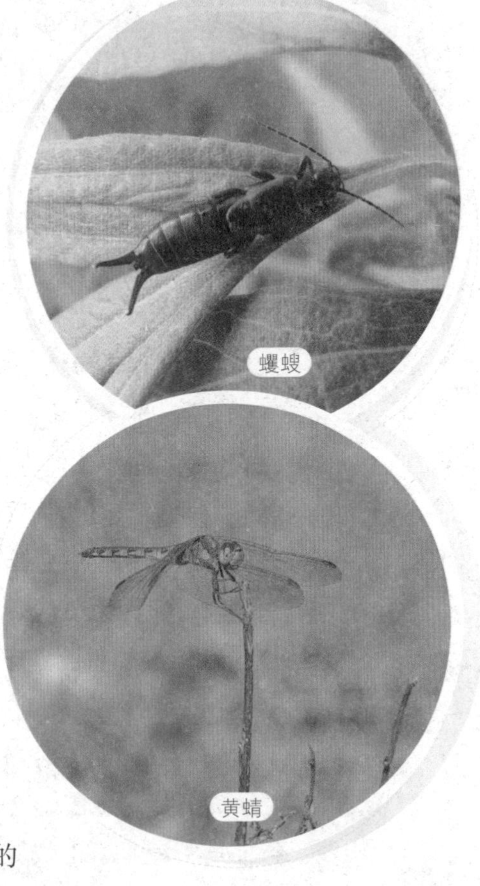

红火蚁的天敌

红火蚁

的甲虫、蠼螋和蜘蛛都会捕食雌蚁；许多掉进水塘的雌蚁也会被鱼吃掉。如果雌蚁降落在单蚁后型红火蚁种群建立的区域，则同样会受到攻击并被杀死。

其中值得一提的是，黄蜻可针对婚飞红火蚁发起空战。黄蜻是蜻蜓中最常见的种类之一，广布我国南北各地，以及世界热带和温带地区。黄蜻具有群飞的习性，在蚁巢上方表现聚集行为。红火蚁婚飞刚开始时，蜻蜓在比较高的空中飞行，开始寻觅捕食对象。随后逐渐低飞，聚集到蚁巢上方，一般在距地面3米以下的高度，有的甚至靠近婚飞蚁起飞的杂草末端，距离蚁巢表面不到1米。婚飞蚁从蚁巢附近的杂草末端陆续起飞，当往上飞并超过蜻蜓的飞行高度时，蜻蜓会突然加速追捕婚飞蚁。蜻蜓捕捉到婚飞蚁后，通常取食其腹部，然后丢弃头胸部。被丢弃的头胸部通常就落在蚁巢周围的地面上，真是惨不忍睹。蜻蜓捕食一般是一对一，偶尔有两只蜻蜓同时捕食一只婚飞蚁的现象。婚飞活动后幸存的雌蚁，会飞行3～5千米，然后降落地面寻找一适合筑巢的处所，将翅脱落，并开始挖掘巢穴。凄惨的是，雄蚁交配后即死亡，抚养后代的重任完全落在了蚁后身上。新交配过的蚁后会先产十几粒卵，卵经过7～10天后孵化为无足、乳白色、弯卷状的幼虫，此时的幼虫由蚁后喂食，最终将发育成较小型的职蚁。而后，蚁后便由这群职蚁喂食，专事产卵繁衍后代。

红火蚁蚁后刚产下的卵为乳白色、具黏性，常被工蚁成块地搬起并在蚁巢中移动。卵通常与一龄、二龄幼虫黏结成团，有时幼虫会取食一些蚁卵作为它们的食物。幼虫体表被有少量疏松、弯曲柔软的毛，它的发育经历4个龄期，个体的大小及体毛的长短随龄期的增长而增长。小型工蚁从卵发育为成虫一般需20～45天，大型工蚁需30～60天，兵蚁、蚁后与雄蚁需180天。

庞大的工程

红火蚁蚁巢的内部构造，类似于蜂巢的蜂窝状结构，十分疏松，是工蚁以泥土修筑而成，可以说是一项庞大的工程。这种蜂窝结构多位于地面上，有的也延伸至地下部分，其中的隧道相互交错贯通，组成一个庞大的隧道系统。蚁巢的下部隧道较为稀疏，由工蚁直接在土中挖掘而成，垂直的隧道最深可达地下109厘米，其作用在于给整个蚁巢输送所需的水分；蚁巢的四周同样有放射型的水平隧道，有助于工蚁去离巢穴较远的地方觅食。

蚁巢多在地表形成蚁丘，它是工蚁在修筑巢穴时，将地下多余的土粒搬运出来后，在地表堆积而成的，其形状依据土壤质地和地况有较大变化。蚁丘由大量迷宫般的通道和节点组成，内部构造呈蜂窝状，通道和节点穿过草的根系，与地下的通道相连，到达地下的蚁室。蚁丘主要呈圆丘状、沙堆状，或是几个沙堆连在一起。成熟蚁巢的蚁丘高度一般在15～30厘米，蚁巢底部的长一般在30～50厘米，宽一般在20～40厘米，蚁丘主要以杂草、灌木或人工建筑作为支撑，其表面没有进入蚁巢的孔道，在土表下方有许多自蚁丘向外辐射数米的蚁道，工蚁就是通过蚁道上的出

知识点

变态发育

有些昆虫、两栖动物以及其他一些动物在其生长发育过程中会经历形态或结构的急剧变化过程，生物学上将这些过程称之为变态。大多数昆虫，如本文的红火蚁以及各种甲虫、蝶、蛾、蜂类和蝇类等，在整个生长发育过程中，会经过卵、幼虫、蛹和成虫等阶段，幼虫和成虫不仅形态不同，生活方式和生活环境也不一致，这种变态被称之为完全变态。还有一些昆虫在整个发育过程中不会出现蛹，只有其他三个阶段，成虫和幼虫虽然生活环境相异，但外表相似，这种变态称之为不完全变态。昆虫的变态是在其体内激素的控制下进行的，若激素分泌异常或者受到干扰，就不能发生正常的变态过程，也就不能完成其发育过程。

路边的蚁丘

口出入蚁丘的。

土壤是红火蚁筑巢、栖息、生存、繁衍后代、集群扩大、扩散传播的重要基础。红火蚁对中性和微酸性土壤最适应,特别是黄泥松土,对红火蚁建立巢体有很大的便利。如果土壤表土疏松、空隙多,有翅生殖型蚁后容易爬进,快速建巢,避免天敌捕食。而且,土壤疏松,容易吸水,可以保持土壤下的湿度,有利于红火蚁种族群体生存。因此,目前外来红火蚁的土丘蚁巢大多建造在土壤疏松潮湿和光照充足的公园、休闲场地、绿化带、马路边、高速公路隔离带和道路两侧、空旷草坪、荒地、垃圾场、高尔夫球场、花卉苗圃、作物地田埂及鱼塘基等地方,甚至是城乡建筑物基础周边缝隙处。

空旷草坪

容易发生红火蚁危害的地方

绿地

高尔夫球场

蚁巢对外展示的是鬼斧神工，而其内部却隐藏着刀光剑影。红火蚁蚁巢族群可分为单蚁后型及多蚁后型。单蚁后型蚁巢只能容纳一只蚁后。如果蚁巢最初是由多个交配雌蚁共同建造，当工蚁产生后只有一只蚁后可以存活下来，因为工蚁会杀死多余的蚁后。来自一个蚁群（同一蚁后所产的蚂蚁）的小型工蚁会掠抢附近其他蚁群的幼蚁。随着这些新蚁巢的发展，工蚁的领域意识逐步增强。工蚁保护蚁巢周围区域免受其他蚁群的侵扰，并消灭任何落地并试图在附近建立新蚁群的蚁后。当食物来源发生改变和干扰出现时，单蚁后型蚁巢会在其领土范围内移动。

相对于单蚁后型蚁巢的你争我夺，多蚁后型蚁巢可以说是其乐融融。多蚁后型蚁巢由多个蚁丘组成，每个蚁丘中都可能有多个蚁后，工蚁可以在蚁丘间自由移动。蚁丘之间无领域性，且工蚁在蚁丘间活动不会遇到敌对种群的领地，单位面积上出现的蚁丘数目是单蚁后型的3～10倍。

消除了内部矛盾的多蚁后型红火蚁，一致对外，表现得更有战斗力。入侵我国的红火蚁主要为多蚁后型，它比单蚁后型的种群结构具有更强的生态毁灭性。红火蚁多蚁后型种群的出现，不但取代了其入侵地的蚂蚁种类，还同样取代了红火蚁的单蚁后型种群。成熟的单蚁后蚁巢中约有5万～24万只个体，每公顷可以形成200～300个蚁丘。成熟的多蚁后蚁巢中约有10万～50万只个体，每公顷可形成超过1000个蚁丘。

红火蚁

不久前，科学家已经发现，红火蚁之所以会有单蚁后和多蚁后两种截然不同的社会形态，主要是通过大约600个“锁”在一起的“超级基因”来调控的。因此，人们设想了一个“离间计”：如果能在这些超级基因中找出两三个基因并据此设计成饵剂，让蚁后吃下去，改变其行为，例如发出不同的气味等，让单蚁后型的蚁后闻起来像多蚁后型的蚁后，造成工蚁的困惑，因而杀死自己的蚁后，这样就能从内部瓦解整个红火蚁的种群了。但是，红火蚁成熟蚁巢中的蚁后每天产约800～1000粒卵，平均每年可以产生约4500只新蚁后，因此，“不战而屈人之兵”的想法即使是好的，我们也还是要认清现实。

红火蚁新的生殖雌蚁一般在新蚁巢建立后15～18周产生。新建立的群体在最初几个月内筑的蚁巢不十分明显，只在地面上涌现出很细的土壤颗粒，4～9个月后才会成熟而出现明显小土丘状蚁丘。红火蚁工蚁白天巢外活动表现出较明显的节律性，这种节律与本身的行为习性有关，也受太阳辐射和温度等环境因子的影响。如冬季工蚁的活动较少，而且主要在中午温暖的时刻才在巢外活动；而在夏秋两季，工蚁在上午和下午的活动明显增加，而中午的活动明显减少，从而使日节律出现两个高峰。

红火蚁的工蚁为不育的雌蚁，和工蚁一样，蚁后腹部末端也有毒囊和螫针，但蚁后的毒针主要执行的是在产卵过程中将毒液分泌到卵上，不但起到一定的抑菌作用，而且其中的微量信息素对红火蚁个体之间交流和种群生存也起重要作用。

另外，红火蚁在自然界中存在并巢合群现象。这种行为的发生有利于恢复群体的活力，抵抗自然界中的不利因素，能在自然竞争中处于优势地位，使其更具生命力和破坏性。在野外防治过程中，如果毒杀不彻底，部分蚁巢会留下少量个体（工蚁、幼蚁、蛹、有翅繁殖蚁等），如果发生并巢合群行为，那么该合并蚁巢就有可能继续生存繁殖，这对红火蚁的防治工作提出了更高的要求。

阻击红火蚁

红火蚁普遍影响入侵地区土著蚂蚁群体，不但降低土著蚂蚁的个体数量、密度和分布区域，还影响了与土著蚂蚁共存的其他动植物。其中，红火蚁对与它们争地盘的土著蚂蚁影响最大。当然，哪里有压迫，哪里就有反抗，土著蚂蚁也展开了有力的反击。

红火蚁以小群体入侵初期，由于土著蚂蚁与它们的竞争相当激烈，从而抑制了红火蚁在入侵地区的活动范围，甚至有可能被土著蚂蚁压制。而大群体红火蚁在入侵地区一旦稳定下来，就会驱赶土著蚂蚁而迅速成为优势种类。因此，红火蚁的“人海战术”是其成功入侵定殖及扩散的有利条件。红火蚁占领领地的过程是以蚁巢为中心，向土著蚂蚁发起进攻而扩大区域的过程。

在我国红火蚁的入侵地区，黑头酸臭蚁是它的主要竞争种类。黑头酸臭蚁工蚁对红火蚁工蚁具有明显的攻击行为，红火蚁表现出被动的防御和逃避现象。黑头酸臭蚁是小个子蚂蚁，行动敏捷。在野外，黑头酸臭蚁甚至常常出现在红火蚁蚁巢附近。

黑头酸臭蚁隶属于蚁科臭蚁亚科酸臭蚁属。它是广泛分布在热带和亚热带的一种流浪蚁。蚁巢中有多个生殖蚁后，可扩散为多个小群体，并且工蚁数量非常多。黑头酸臭蚁对于它栖息的环境适应力极强，在土壤、腐败的木头中或其他动物的洞穴等各种场地筑巢。但黑头酸臭蚁与红火蚁不同，它不会叮咬人和牲畜，也不会妨碍农事操作。当黑头酸臭蚁与其他蚂蚁冲突时，它能够有效利用分泌物进行防御，从而在生态学上具有高度的成功。例如，它能利用臀腺中分

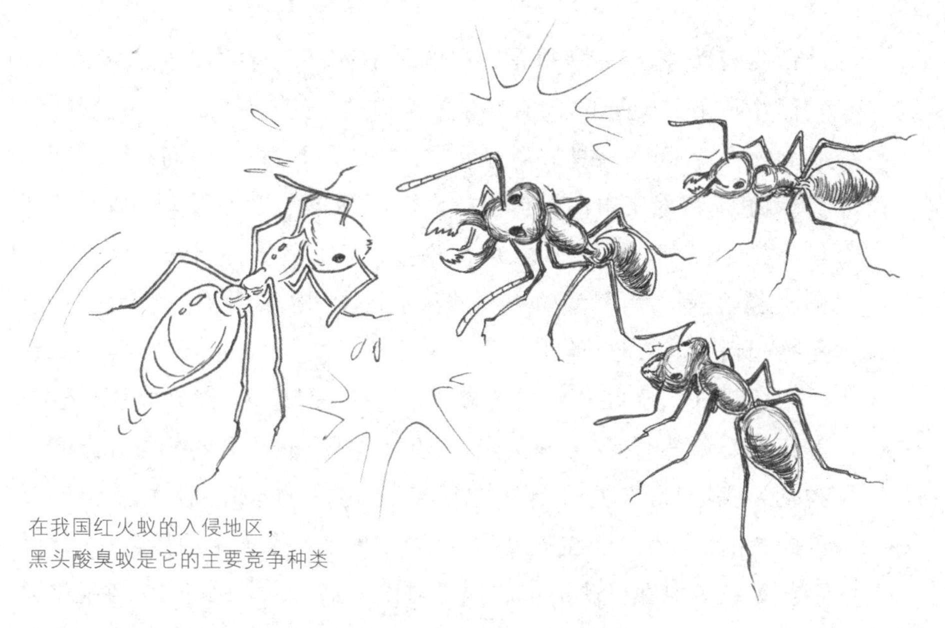

在我国红火蚁的入侵地区，
黑头酸臭蚁是它的主要竞争种类

泌的化学物质去攻击其他种类的蚂蚁，从而获得食物和地盘。

在和红火蚁狭路相逢时，黑头酸臭蚁的工蚁都会首先表现出警戒状态并发出信号，警告对方不要轻举妄动。它们张开下颚慢慢靠近红火蚁，并且用触角接近红火蚁的身体，此时的红火蚁出现激怒、狂乱奔跑的警戒反应，过一会儿便静止不动，并且表现出下颚张开、腹部高举的防御行为。与红火蚁短兵相接后，黑头酸臭蚁开始展示一种或几种战斗行为：叮咬、做出防御姿态、分泌臀腺分泌物等。当叮咬的时候，它快速向前，叮咬后立即后退，速战速决，并不会用下颚抓住对手不放。防御姿态表现为先接触红火蚁，然后立即稍微后退转身，不断地摇动腹部分泌臀腺化合物。当分泌臀腺化合物时，工蚁将头和胸部放低，翘高腹部，然后侧着头很快地后退，让腹部的尖端与红火蚁的身体相接触。与黑头酸臭蚁臀腺分泌物相接触的红火蚁工蚁被迫立即后退躲避，有些个体不断地用前足清洗触角，有些则出现行动蹒跚、爬行摇晃、中足后足黏连的现象。这是因为黑头酸臭蚁的分泌物暴露在空气中很快便变得有黏性，从而可以实现它的攻击效果。

虽然黑头酸臭蚁的攻击十分犀利，但红火蚁往往凭借体形大、数量多的优势，率先争得食物资源。不过，由于食物喜好性有差异，它们并非完全水火不容，有时也是可以共存的。例如，红火蚁喜好油脂类食物，而黑头酸臭蚁喜好糖类食物。但是，由于它们都喜好蛋白类食物，所以对于蛋白类食物的竞争则相当激烈，而红火蚁取胜的概率往往比较高。即便如此，黑头酸臭蚁仍有望成为与红火蚁相抗衡的土著竞争种，大量繁殖黑头酸臭蚁可能对红火蚁在入侵地的扩散传播起到一定的抑制作用。

除黑头酸臭蚁的阻击之外，在新的入侵地区，红火蚁与其他土著蚂蚁的竞争也是一个长期而复杂的过程。在土著蚂蚁与红火蚁斗得你死我活时，人类的介入往往会改变战争的走向。人们防治红火蚁时，往往使用广谱性杀虫剂，这同时也杀死了大量的捕食性蚂蚁，而红火蚁可以在已防治过的地区再次快速暴发。因此，在利用化学药剂有效减少或消灭红火蚁时，选择对本地蚂蚁危害小的药剂，或使用恰当的施药方法，可充分发挥本地蚂蚁抵御红火蚁入侵的能力，这也是保护当地生态环境的一种重要战略。

防治须谨慎

红火蚁主要随园艺植物、草皮、运输工具等调运进行远距离传播和扩散。目前全球农用、观赏植物贸易量大，调运频繁，助长了红火蚁的传播、扩散，而其中带土苗木是风险性最高的物品。红火蚁来到我国大陆后，就是通过这种途径扩散到各个地区的。由于当时各地区之间的货物运输缺乏严格的检疫制度，红火蚁的人为扩散较为容易和迅速。特别是城市建设讲求营造环境，许多内陆城市每年都要从南方地区购入大量苗木、草皮，用于城市建设和小区环境改善，而这些苗木、草皮夹带红火蚁蚁巢的可能性很大。这种传播方式，也可能是未来几年红火蚁在中国大陆迅速扩散的主要途径之一。因此，预防红火蚁入侵，首先要重视对高风险植物种类的检疫工作，控制容易携带红火蚁的媒介物体从疫区带入其他地区，如土壤、草皮、干草、盆栽植物、带有土壤的植物以及运输土壤的容器等。通过检疫实现阻止红火蚁远距离扩散是可以做到的。

在红火蚁的主要发生地，可以采用“快打”的方法，防止红火蚁落地生根。例如，将杀虫水注入蚁丘，渗入泥土后可将蚁后消灭。但要注意的是，过分施放杀蚁药，化学物质会残留在泥土及植物上，造成环境污染。

除了人为控制外，生物防治也很重要。在美国，利用自然天敌防治红火蚁已开展多年。红火蚁的寄生性天敌、捕食性天敌及病原微生物，能直接杀死红火蚁或间接影响红火蚁与当地蚂蚁的竞争，从而达到控制红火蚁种群的目的。其中有一类寄生蚤蝇和采自南美洲的红火蚁专性寄生微孢子虫，对红火蚁具有控制潜力；球孢白僵菌、绿僵菌等病原真菌也对红火蚁有较好的控制作用。我国也开始了关于蚤蝇、白僵菌等生物防治的研究工作，已进入田间释放试验阶段。

红火蚁寄生性蚤蝇会将卵寄生在工蚁的身体内，孵化后的幼虫在工蚁的头部取食，最后导致工蚁死亡。而且，红火蚁寄生蚤蝇“咬定青山不放松”，具有明显的寄主专一性，仅寄生入侵的红火蚁。寄生蚤蝇这种死磕到底的精神，会严重影响并瓦解红火蚁族群的觅食行为。

另外，与传统药剂相比，光活化农药——植物的天然产物，具有高效、低毒、低残留、对人畜安全等优点。其中光活化成分三联噻吩(a-T)对红火蚁工蚁行为有显著影响，对其食物识别、聚集、行走和攀

红火蚁能随草皮调运扩散

附能力均有抑制作用。红火蚁是一种社会性昆虫，由于各社会行为之间是相辅相成的，红火蚁行动能力的降低将间接影响到其他的一些社会行为，如筑巢、觅食、攀附、聚集等，导致其无法适应复杂的生活环境，最终影响整个族群的生存繁衍。

美国在20世纪80年代研发出了保幼激素类似物（JHA）毒饵。JHA对红火蚁的作用机理尚不完全清楚，但目前已经知道其可以作用于幼虫、蛹、成虫3个虫态，并主要是对雌蚁起作用。它可以诱导工蚁自相残杀或形成不完整的表皮而死亡，并使蚁后的产卵量减少或不产卵；可以导致繁殖蚁的比例增加，但其中的90%会被工蚁杀死或遗弃，也可导致未受精蚁后数量增加，影响蚁后的产卵能力，并可有效阻断其婚飞扩散；还可以造成蚁后卵巢萎缩，或导致个体发育畸形，如出现无腿或缺少触角的工蚁个体，以及翅膀残缺的繁殖蚁等。美国以及澳大利亚的防治实践表明，JHA毒饵的防治效果彻底，并可以较好地防止防治区蚁群的再入侵，尽管在使用中还存在一些问题，但为改善和提高红火蚁的防治水平，加强其综合治理带来了新的希望。有趣的是，由于在红火蚁的原产地——南美洲，生活着一类专门以蚁类为食的哺乳动物——食蚁兽，所以有人突发奇想：如果通过大量引进食蚁兽来控制入侵我国的红火蚁，岂不妙哉！这个想法的确很有想象力，但是，我们在实施之前必须要做很多事情。首先，南美洲是一个盛产蚁类的地方，食蚁兽在当地是仅以红火蚁为食，还是主要取食其他蚂蚁，偶尔吃一些红火蚁？或者根本就不吃红火蚁？此外，如果将食蚁兽作为红火蚁的天敌引入，亦可能引起其他问题，例如，它们的到来是否会影响本地哺乳动物以及其他生物的生存？它们是否会对新的栖息地的土壤结构造成破坏？它们

食蚁兽

能够分辨不同的蚂蚁的种类吗？它们会不会不仅不能控制红火蚁，反而将本地有益的蚂蚁吃掉，从而破坏了这里的生态平衡？由此可见，即使是作为天敌，如果人们没有进行详细的研究与评估，胡乱引入，也会造成非常危险的后果！

（杨红珍）

深度阅读

曾玲，陆永跃，陈忠南. 2005. **红火蚁监测与防治**. 1-106. 广东科学技术出版社.

万方浩，李保平，郭建英. 2008. **生物入侵：生物防治篇**. 1-596. 科学出版社.

万方浩，郭建英. 2009. **中国生物入侵研究**. 1-302. 科学出版社.

万方浩，彭德良. 2010. **生物入侵：预警篇**. 1-757. 科学出版社.

谢联辉，尤民生，侯有明. 2011. **生物入侵——问题与对策**. 1-432. 科学出版社.

万方浩，冯洁. 2011. **生物入侵：检测与监测篇**. 1-589. 科学出版社.

张青文，刘小侠. 2013. **农业入侵害虫的可持续治理**. 1-395. 中国农业大学出版社.

环境保护部自然生态保护司. 2012. **中国自然环境入侵生物**. 1-174. 中国环境科学出版社.

银合欢

Leucaena leucocephala (Lam.) de Wit.

无论在什么地方，健康的森林应该是一片拥有乔木、灌木，树种繁多的环境。当林地内的树种越来越少，最后呈现单一林木独大的现象时，就说明森林出问题了。所以，银合欢纯林出现的越多，说明它对生态环境的破坏力越大。

诗意的合欢

我国东北至华南及西南一带的广大地区，普遍生长着一种落叶乔木，名叫合欢*Albizia julibrissin* Durazz.，也叫夜合欢、叶合欢。它具有二回偶数羽状复叶，镰状的小叶甚多。在每个枝条上，这两排工整、对称的嫩绿叶片，白天在日照之下舒展摇曳，尽享阳光生机；而在日落之后就合拢静处，亭亭相对，如同一双双男女合卺之状，它也因此而得名。

合欢花

合欢是一种观赏植物，夏季开花，秋天则在羽叶下面挂着一串串像豆角一样的荚果，别有一番风味。它的花瓣虽然并不显著，但雄蕊细长，下部为白色，上部为淡红色，看上去颇似一个挂在马颈下的红缨，又如同一个淡红色的绒球，因此合欢又有“绒花树”“鸟绒”“马缨花”等别名。在我国古代名著《聊斋志异》中就有“门前一树马缨花”的诗句。唐朝诗人李颀有诗《题合欢》：“开花复卷叶，艳眼又惊心。蝶绕西枝露，风披东干阴。黄衫漂细蕊，时拂女郎砧。”短短六句诗，将合欢枝、叶、花之性状述说得细腻准确，又将树下风、蝶、人之动态描绘得惟妙惟肖。

在我国古代，合欢还被用来作为夫妻和睦、朋友和好的象征。合欢的小叶朝展暮合，比喻夫妻之间即使时有争吵，但很快就能言归于好。朋友之间如发生误会，也可互赠合欢花，表示消怨合好的意愿。正如魏晋时期竹林七贤的精神领袖嵇康在《养生论》中所言："合欢蠲怒，萱草忘忧。"

"合欢"家族的"新人"

到了近、现代，我国又出现了两类名叫"合欢"的植物——金合欢和银合欢。它们同样具有朝展暮合的叶子，但与我国所产的合欢并非近亲，它们都属于豆科的植物，但却分别隶属于金合欢属、银合欢属、合欢属。

澳大利亚国徽

金合欢也叫相思树，是一类有刺的灌木或小乔木，株高一般为2～4米。它的花与合欢不同，头状花序簇生于叶腋，盛开时，一簇簇金黄色的长长花丝，伸出翠叶之外，散发着甜美清新的芳香。许多花朵聚在一起，好像一团团金灿灿的丝绒球。

金合欢原产于热带美洲地区，包括很多的物种，差不多在1000个左右，后来泛生于热带与亚热带地区，尤其受到澳大利亚人的喜爱。在澳大利亚的国徽上，中心是一个盾牌，上面刻有全国六个州的徽章，左右为特产动物袋鼠和鸸鹋，护卫着这面盾牌，而背景就是金合欢。在澳大利亚的街道、庭院、广场、建筑物的周围，到处都有用金合欢栽成的行道树或绿篱，显得十分幽静，非常别致。

金合欢在非洲东部及南部的数量也很多，是稀树草原上著名的景观之一。在这里，金合欢还有一个特殊贡献，就是给长颈鹿等大型食草动物提供食物。

金合欢花

金合欢果实

金合欢还是一类经济树种。从它的花中可提取香精、提炼芳香油作为高级香水等化妆品的原料。在它的果荚、树皮和根内含有单宁，提取之后可做渔网和布的黑色染料。从它的茎中流出的树脂内含有树胶，可供药用。它的木材坚硬，可制作贵重的器具和用品。更重要的是，金合欢不仅是荒山造林的先锋树种，也可以作为公园、庭院的观赏植物。

与金合欢相比，银合欢的“名头”似乎不够大。它也叫白相思子、细叶番婆树、臭菁仔等，花与金合欢的形状相似，但却为白色，如雪如絮，淡雅美丽，在夏季里给人以清新、凉爽的感受。

但是，在经济利用方面，银合欢比起金合欢却是有过之而无不及，在木材、燃料、绿肥、饲料等很多方面都具有重要的经济价值。它的提取物还可用于皮肤保养、防腐杀菌、抗忧郁以及镇静剂等方

金合欢叶子

面。和金合欢一样，它也适宜作为荒山造林树种。另外，由于它树形美观，而且主干侧枝有很多坚硬锋利的刺，围园严密，是防禽畜破坏以及防盗的极好屏障，因此它被广泛用于厂矿、机关、学校、公园、生活小区、别墅、庭院、果园、瓜园、花圃、苗圃的围墙，具有坚固耐久、成本低廉的优点，并赢得了“绿篱之王”的称号。

因此，我国从20世纪60年代以来，就开始系统和大规模地引种金合欢和银合欢。目前，在我国引种试种成功的金合欢树种已超过百种，其中最为普遍的种类是银荆*Acacia farnesiana*（L.）Willd.，国内通常所说的金合欢指的就是这个物种，主要分布在西南及华南热带与亚热带地区，包括浙江、台湾、福建、广东、广西、云南、四川等地。银合欢*Leucaena leucocephala*（Lam.）de Wit.的分布范围更广，包括从长江流域到西沙群岛之间的广大地区，特别是台湾、福建、浙江、湖北、湖南、广东、海南、香港、广西、贵州、四川和云南等地都有大面积的栽培。

遗憾的是，无论是金合欢，还是银合欢，这些外来的植物，虽然具有诗意一般的名号、外观与经济价值，但是，它们一旦离开原生地，落脚异邦之后，却成为攻城略地、排挤当地原生植物生存空间、危害土著特有物种的“罪犯”。其中，尤以银合欢的危害更大，危害范围更为广泛，它已被国际自然保护联盟（IUCN）列为世界100个严重危害生态环境的外来入侵物种之一。

合欢花在我国是吉祥之花、幸福之花。合欢之风姿，给我们以视觉上的美感；合欢之意蕴，给我们以精神上的慰藉。但是，同属“合欢”类的金合欢、银合欢，却让我们感到很纠结。

强大的生命力

银合欢为灌木或小乔木，株高为2～6米，直立生长，主要生于低海拔的荒地或疏林中。它的适应性很强，能耐瘠薄盐碱等，成熟植株还具有较强的抗冻害能力。它对土壤的要求也较宽松，在岩石缝隙中也能生长。它喜温暖湿润的气候条件，生长最适温度为25～30℃。银合欢属阳性树种，稍耐阴，在无荫蔽条件下生长最好，对日照要求不太严格。18世纪时，印度尼西亚和非洲把银合欢作为咖啡、可可、金鸡纳和胡椒等作物的荫蔽树或氮来源树种。

云南公路边的银合欢

合欢果荚

银合欢花蕾和花

银合欢根系发达，一年生植株根系可达1～2米，5年生可达5米以上。直根下扎，具有粉红色的根瘤，自生根瘤菌。由于根系发达，能吸收土层深处的水分，所以它的耐旱能力很强，在年降雨量为1000～3000毫米地区生长良好，但也能在降雨量只有250毫米的地区生长。当南方旱季少雨时，即使数月无雨，它也仍能存活。

在条件适宜的地方，经过处理的银合欢种子，播种2～3天后即可发芽，5～7天出苗，虽然苗期地上部分生长有一些缓慢，但根系发育快，当3个真叶出现后就开始形成根瘤。春天的种子，当年10～12月开花，翌年1～3月新的种子就成熟了。成年植株每年可开花2次，第一次在3～4月开花，5～6月成熟；第二次在8～9月开花，11～12月成熟。成熟的荚果自行开裂，散落地面，自行繁衍，能形成大量幼苗。

银合欢的种子也很奇特，具有两大特点，一是产量惊人，二是伺机而动。银合欢每年每株形成700～1000个果荚，在1个果荚中含有10～20粒种子，这样每年单株银合欢能制造出7000～20000粒种子！当银合欢的果荚成熟时，先由背面与腹面裂开，再借助卷曲时的弹力，将貌似咖啡豆一样的种子弹向四面八方。不过，这些四散的种子落地之后，只是随着枯叶埋入土层中，并不会遇雨就马上发芽，而是进行不定期的休眠，待到土壤潮湿、阳光直射等条件都一一满足的时候，种子才会启动生长机制，忽然冒出。

银合欢原产于墨西哥南部尤卡坦半岛，大约在1600年以前传入菲律宾，其后到达印度尼西亚、斯里兰卡、泰国、哥伦比亚、毛里求斯岛、澳大利亚和美国夏威夷州、佛罗里达州以及其他太平洋和亚洲地区。

在我国大规模引入金合欢、银合欢之前数百年，银合欢就已经来到了我国。据记载，它最早是在1645年由荷兰人辗转带入台湾的。从那时起一直到台湾尚未完全进入工业化之前，当地乡村都以银合欢的嫩茎叶当作牲畜的饲料，以其树枝做薪材，这种物尽其用的做法，使银合欢的生长受到了一定的控制。

从20世纪60年代起，台湾开始推广经济造林，砍除利用价值甚低的杂木林，改种银合欢作为造纸原料。可惜的是，用银合欢造纸的方法竞争不过进口纸浆，最后只留下了满山坡的银合欢林。到了20世纪80年代以后，台湾的农牧业逐渐转型，许多土地开始休耕或荒废，地力失去照料，让银合欢有机可乘，它顺势占据了许多废耕地，利用自己在阳光充足时生长快速的特点，把其他土著植物压在了下面。

银合欢的果荚成熟时，便将貌似咖啡豆一样的种子弹向四面八方

利用化感作用抑制本地土著植物的生长，是银合欢生存竞争的又一利器。

据研究，在银合欢的叶片、果荚、林地内的凋落物以及土壤内，都含有能抑制邻居植物生长的有害物质。到了旱季，银合欢为了减少水分蒸发，就会开始落叶。如此一来，落叶经过分解后，更助长了林地中有害物质的累积与挥发。

银合欢还含有一种有毒物质——含羞草素，对一些反刍家畜十分有害。银合欢由于叶量大，且一年四季均可采摘，适口性也比较

好，所以是牛、羊、马、驴、兔等喜食的饲料，晒干后制成草粉还可喂猪及家禽等。但是，如果它们采食过量，就会发生脱毛、消瘦、食欲减退、生长缓慢、流涎、步态失调、甲状腺肿大以及甲状腺素作用紊乱等症状。例如，绵羊采食银合欢10天后，其身上的毛就会全部脱落。有趣的是，在国外竟然有人利用银合欢的这一特点，制成了一种绵羊脱毛剂。

台湾南部的恒春半岛

银合欢果荚

银合欢对生态系统最大的破坏还是它所形成的单一物种树林。这种现象在台湾尤其严重，从台湾南部的恒春半岛，到澎湖列岛，有很多银合欢凭借各种伎俩赶走久居的原生土著植物，从而形成单调的林相的情况。

无论在什么地方，健康的森林应该是一片拥有乔木、灌木，树种繁多的环境。当林地内的树种越来越少，最后呈现单一林木独大的现象时，就说明森林出问题了。因此，银合欢纯林出现得越多，说明它对生态环境的破坏力越大。

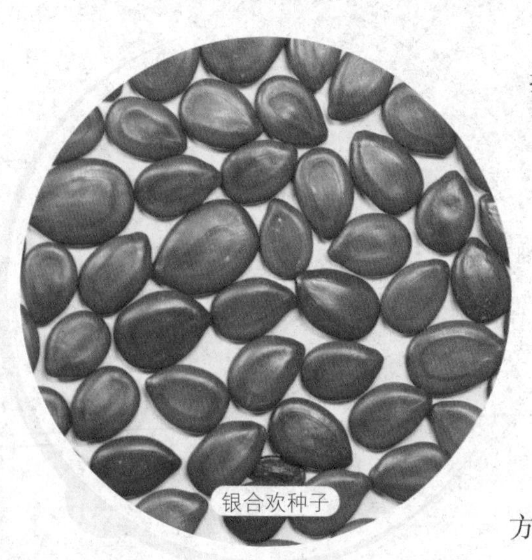
银合欢种子

角色大转变

在应对外来植物入侵时，人们常用的方法，也是最简单、最直接的方法，就是把它们直接铲除掉，其效果明显可见。因此，在对付银合欢纯林时，人们自然不会放弃这个简便易行的方法：将银合欢统统砍掉，重新栽上当地的原生树种，以便让林地恢复生机。

可惜的是，银合欢萌蘖的能力极强，当人们将其砍伐之后，银合欢仍会从残存的低矮树桩周围冒出一个个新的枝芽：一个树桩上就能长出5～20萌蘖，而新的枝芽生长极快，一个月后即可长到30厘米，两个月高度就可达到80厘米，因此只需1～2年的时间就可以恢复砍伐前的林相，并且茂密的程度有过之而无不及，出现在人们面前的，仍然是与从前一样的银合欢纯林。

于是，在银合欢顽强的生命力面前，人们又想到了它的天敌。有趣的是，这些天敌在从前相当长的一段时间里，都被人们称作经济作物——银合欢的"害虫"，而进行防范。

银合欢的天敌按侵袭方式可分为三种类型：食叶（花）类、刺吸类及钻蛀类。食叶（花）类主要通过咀嚼式口器取食银合欢的嫩茎、嫩梢和叶子，如鳞翅目幼虫；刺吸类主要通过刺吸式口器或具锉口器刺入植株表皮，吸收组织汁液，导致银合欢的叶片褪绿、发黄、皱

银合欢

随处可见的银合欢

缩、卷曲、落叶，甚至整株萎蔫死亡，如蚧壳虫、木虱、粉虱及蓟马等；钻蛀类昆虫以幼虫或成虫蛀食种子或钻蛀茎干，如鳞翅目和鞘翅目的幼虫。

目前发现的银合欢的主要天敌有银合欢豆象、银合欢异木虱、棕肾网盾蚧、茶黄硬蓟马、褐软蜡蚧、吹绵蚧等。在这些天敌中，最重要的是银合欢豆象。它原产于南美洲，可以说是银合欢从“老家”带来的“害虫”，可能是通过引种或其他人为方式传入的。我国于1999年首次在海南儋州发现了银合欢豆象，后来又在大部分有银合欢生长的地方发现了它的存在。银合欢豆象食性高度专一，而且破坏性极强，受蛀食过的银合欢种子完全丧失生活力。

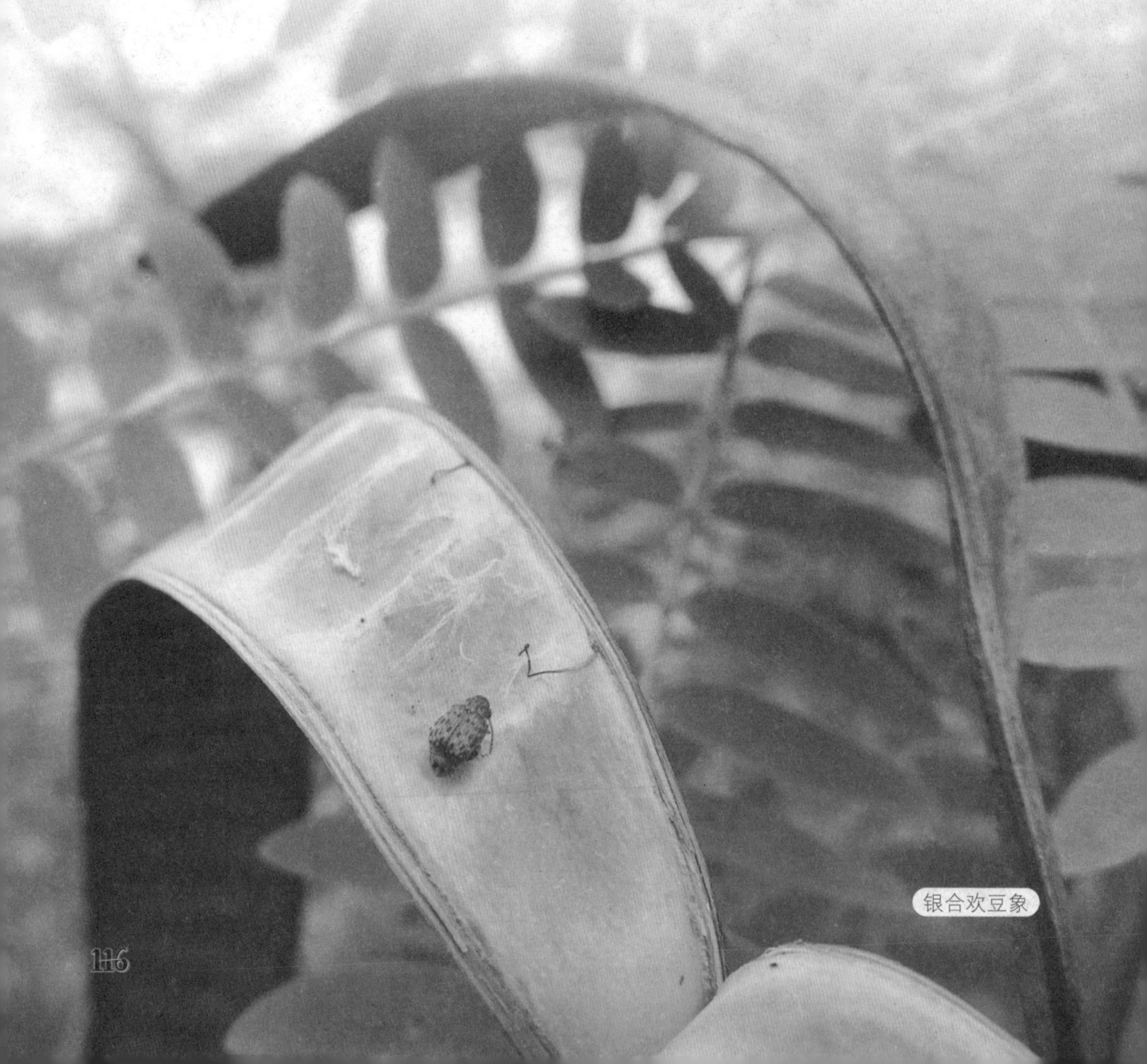

银合欢豆象

银合欢豆象完成一个世代大约需要44～48天，一年有2～3个世代。成虫羽化后就咬破种皮从银合欢的种子或豆荚内爬出，并留下一个工整的、直径约2毫米的羽化孔。成虫红褐色，体长2.3～3.6毫米，不需要补充营养即可交配、产卵。它们活动力强，善于飞翔，有假死性。雌性成虫一般将卵产于银合欢嫩豆荚的凹处。产卵时通常伴有透明液体物质，可将卵牢固地粘在豆荚表面，并呈不规则分布。雌性成虫一生能产卵14～25粒，产卵期为2～3天。雄性成虫的寿命为17～22天，雌性成虫的寿命为18～31天。产下的卵大约经过1周左右孵化出幼虫，它很快就直接于卵紧贴着豆荚表面的一端蛀入种子内部，并留下一个直径约0.3毫米的小蛀孔，初期通常作平行钻蛀，并一直生活在种子内部直至化蛹。通常情况下，每粒种子内只有1只银合欢豆象，偶尔有2～3只。在外界条件适宜时，蛹经1周左右便可羽化为成虫破壳而出。

知识点

金合欢的雇佣兵

金合欢对环境的适应有许多技巧，雇佣蚂蚁是其中之一。刺哨金合欢生长在非洲东部草原。由于那里土壤板结，再加上大象啃食叶片和树皮，刺哨金合欢难以扎根。在这种情况下，它们的盟友——举腹蚁帮助了它们。刺哨金合欢的树干上长满了刺，虽然这种刺不直接起防御作用，但它基部膨大，中空，举腹蚁便生活在其中。除了提供理想的生活场所外，金合欢还在它的叶片的顶端分泌一种球形的结构——里面富含蛋白质——以及在树叶基部分泌蜜汁供举腹蚁享用。作为回报，蚂蚁会对任何伤害金合欢的动物发起进攻，其中包括了大象和长颈鹿，直到对方放弃进食金合欢为止，这样就保证了金合欢得以在艰难的环境中生存。

排在第二位的天敌是银合欢异木虱，它也是来自银合欢“老家”的昆虫，原产于加勒比群岛以及临近的中、南美洲地区。我国首先于1985年在台湾花莲发现了银合欢异木虱，后来又在福建、广东、海南等地发现了它的存在。

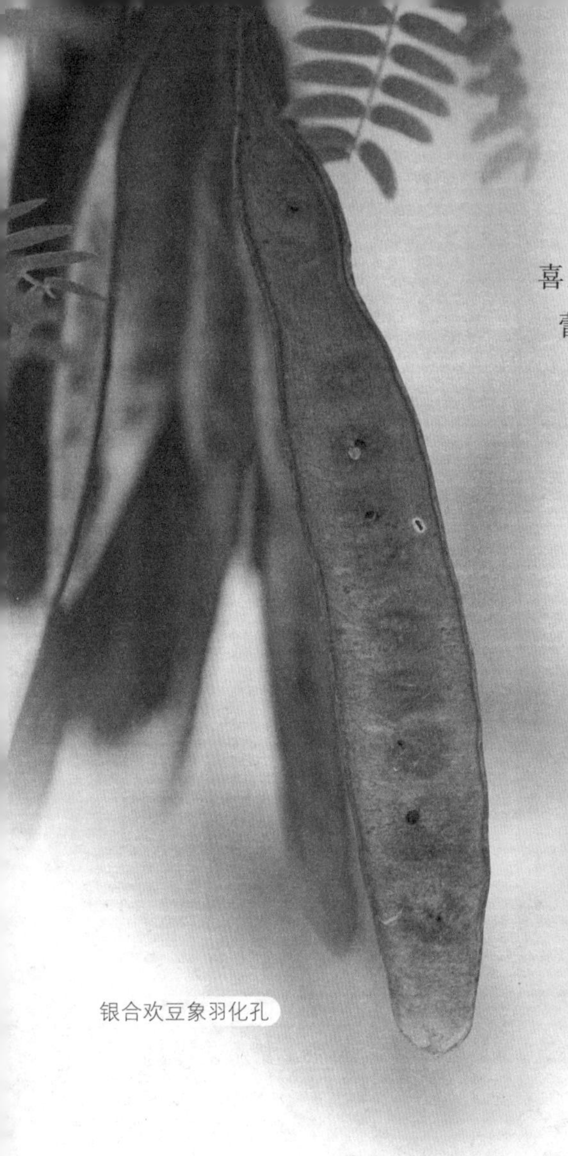
银合欢豆象羽化孔

银合欢异木虱的虫体很小，若虫和成虫喜欢群聚于银合欢的嫩芽、新叶、嫩茎、花蕾和嫩荚上吸食，以若虫的进攻最为强烈，嫩芽在受害后扭曲变形，以至枯死；新叶受害黄化脱落；被害豆荚畸形萎缩，嫩梢受害率可达100%，造成叶、梢成片枯死，仅剩叶柄和秃枝，严重影响树势。成虫、若虫还将多余的糖类及氨基酸等物质由排泄口排出体外，形成球形的蜜露，诱发煤烟病，所以在受害严重的植株上，可见梢、叶污黑，也直接影响银合欢的正常生长。

银合欢异木虱在17～28℃之间，从卵至成虫一世代经历的时间为12～24天，卵期约3天，若虫5龄，第1龄为2天，第2、3及4龄约为2～3天，第5龄为3～4天，产卵前期2～5天，雌虫寿命1～12天，雄虫寿命2～17天。银合欢异木虱代数多，世代重叠严重。

成虫性活跃，受惊动即跳离，具趋光性，常在幼嫩枝叶上活动吸食，也多在老叶上停留。成虫通常在叶背主脉处羽化，大约经半小时左右，翅才完全展开，体色也逐渐转为黄褐色微带淡绿色。雌雄虫的交配在嫩梢、叶柄和叶的正、背面等处进行。产卵期雌虫腹部丰满，卵粒大量产于顶芽及尚未展开的小叶上，使嫩梢出现黄色卵堆，卵量甚多，每一复叶可有卵200～400粒，每嫩梢卵量可达3000～5000粒，一般为1000～2000粒。孵化为若虫时，就地吸食。嫩梢上的成虫以雌虫为主，数量大时，雌虫也在叶柄、嫩茎、花蕾、豆荚等处产卵。若虫吸食嫩梢汁

银合欢豆象腹面

液，虫口聚集，故以若虫期为害最为严重，被害嫩梢凋萎、落叶，以至枯死。若虫活动性较强，刚孵化不久的1龄若虫，在嫩梢上不停地爬动取食，龄期大的若虫，常分散到卵量少的部位侵害。

银合欢豆象成虫羽化后就从银合欢的豆荚内爬出，留下一个工整的羽化孔

利用天敌控制银合欢的方法正在不断探索之中，预计在不久的将来应该取得更大的进展。只是，“宝树”变“害树”、“害虫”变“益虫”的过程，需要人们好好地进行一下反思。

（倪永明）

深度阅读

李振宇，解焱. 2002. 中国外来入侵种. 1-211. 中国林业出版社.

汪松，谢彼德. 2001. 保护中国的生物多样性（二）. 1-233. 中国环境科学出版社.

解焱. 2008. 生物入侵与中国生态安全. 1-696. 河北科学技术出版社.

徐海根，强胜. 2011. 中国外来入侵生物. 1-684. 科学出版社.

万方浩，刘全儒，谢明. 2012. 生物入侵：中国外来入侵植物图鉴. 1-303. 科学出版社.

落葵薯

Anredera cordifolia (Tenore) Steenis

落葵薯不仅食用、药用功能很多，而且是一种绿化植物资源。但是，如果人们对它管理不当，它就容易蔓延成灾，由“宝”变“害”。因此，我们要对它时刻保持警惕性，使之在没有破坏本地植物资源的情况下，成为我们餐桌上的美味，以及我们健康的护卫者。

数不清的化名

几年前，办公室的同事养了一盆绿植，说名字叫作藤三七。当时我并没有特别关注它，随意把它放在了窗台上，只需要定期浇水，无须特殊护理，便可茂密生长。春天到来，阳光充足，气温升高，其长势也逐渐迅猛起来，几周之后，长长的藤蔓便缠满了预先设定好的架子，新长出的细细的嫩芽无处缠绕，便抬起头寻找周围的支撑物，窗户把手、旁边长势稍高的其他植物，都成了它选择缠绕的对象。它每天不厌其烦地缠绕着身边的物件，甚至窗帘上的小小布条也被它缠了起来。直到最后把附近该缠绕的东西都缠遍了，还是拼命地生长，新出来的黄绿色嫩芽向着外面，乱蓬蓬的一片，条条嫩芽好似数只泛着金色的小手挥舞着，寻找可以抓住的物件，寻找生命的支撑，继续攀爬。那个时候我并不太了解这种植物怎么具有如此旺盛的生命力。

落葵薯
绿植

2013年，我和同事一起去云南出差，在野外又看到了这种植物。在野地里这种植物生长的架势，可远比当初在办公室里看到的壮观得多：它可以直接爬到十几米高的大树顶端，还爬遍了附近大大小小的植物，放眼望去，全是它的影子，已经看不清被缠绕植物的模样了。阳光下面，绿油油的叶片泛着光亮，好似一个绿色的大网，把身边高大的树木、丛生的灌木全部兜在里面。一棵藤蔓缠出了一个奇妙的绿色世界。

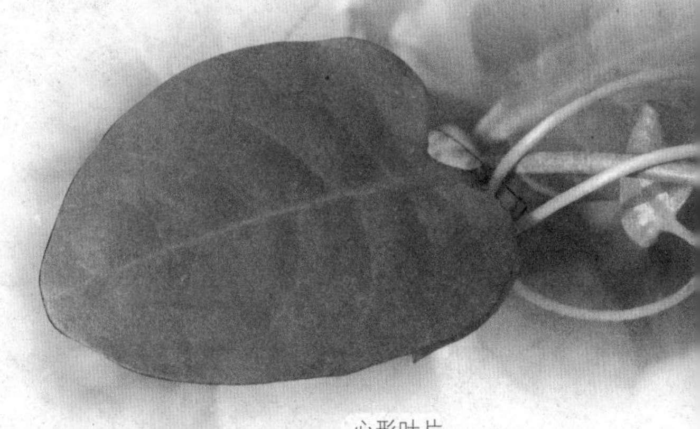
心形叶片

经过一次野外调查，我终于弄明白这种植物的身世了，也得以见到了它的真实面貌。原来，这种植物的正式名字叫落葵薯，在植物分类中隶属于落葵科落葵薯属，藤三七是它的别名。它并不是我国本土植物，而是来自热带地区的外来植物。落葵科家族的成员均属缠绕藤本植物，世界上约4属25种，主要分布于亚洲、非洲及拉丁美洲热带地区。我国栽培有三种，分别为落葵属的落葵，落葵薯属的落葵薯和短序落葵薯。

落葵薯的原产地包括南美洲的玻利维亚、巴拉圭、乌拉圭、巴西等地。1835年，它被引种到英国，之后进入南欧，从欧洲西南部的葡萄牙到东南部的塞尔维亚均有种植。大约在18世纪末或19世纪初，落葵薯被引种到了美国，现在从佛罗里达州到得克萨斯州，以及加利福尼亚州南部和夏威夷州都有它的分布。目前，落葵薯在世界上的分布地区还有南非、澳大利亚和新西兰等地，已经成为了危害严重的世界性入侵杂草。

落葵薯的学名是*Anredera cordifolia* (Tenore) Steenis，属名来源于西班牙语的enredadra一词，意思是指缠绕或攀缘的杂草，种加词*cordifolia*是“具有心形叶片”的意思，这个词已经成为植物学名称里的常用词，许多具有心形叶片的植物都用它来命名。英文名为Madeira vine，相应的中文名叫作马德拉藤。至于为什么叫作马德拉藤，目前还没有一个确切的说法。一位美国科学家曾经在他的著作中提到，这种植物首先来到了位于非洲西海岸大西洋上一个名字叫作马德拉的岛屿上，之后又返回北部新大陆，这也可能是它被称之为马德拉藤的原因。落葵薯在夏秋季开花，开花的时候，长而柔软的花穗下垂，最长达30多厘米，上面开满了白色的小花，散发出带有甜味的香气，于是人们又称其为“木樨草酒香藤”。开满白花下垂的花序穗与羔羊的尾巴形状相似，于是外国人又称落葵薯为“羔羊尾巴藤”。由于落葵薯的根状茎带有黏液，烹饪之后酷似土豆的味道，

野外的落葵薯

因此它又被称为“土豆藤”和“巴塞尔土豆”。此外，它还被称为“新娘的花环”，可能是因为它的白色花序酷似新娘头上白色的花环而得名吧。

根据落葵薯的学名，中文翻译为心叶落葵薯，也可以直接叫作落葵薯。落葵薯的名字中有个薯字，因而可以划归为薯类植物的行列。薯类植物主要是指具有可供食用的块根或地下茎的一类陆生植物。落葵薯同样具有地下根状茎，可以食用和药用。落葵薯的根状茎与传统名贵中药三七的根形状相似，都是不规则的瘤状，而且其药性与三七相似，都具有活血、化瘀、止血的功效，主要用于跌打损伤和外伤性出血，又因为落葵薯是藤本植物，所以人们称之为藤三七、藤子三七或藤七。三七是我国知名度很高的传统中药，俗称金不换，虽然藤三七和三七的药性相同，但它的活血化瘀力度要差一些，在市场上的认可度也比较低，所以藤三七作为药材的价格要比三七低得多。落葵薯的外部形态和落葵相似，原产地是南美洲的热带地区，在我国属于外来植物，所以人们又称之为洋落葵；因为藤三七是云南白药的成分之一，所以有人也把它称为“云南白药”；在

云南白药

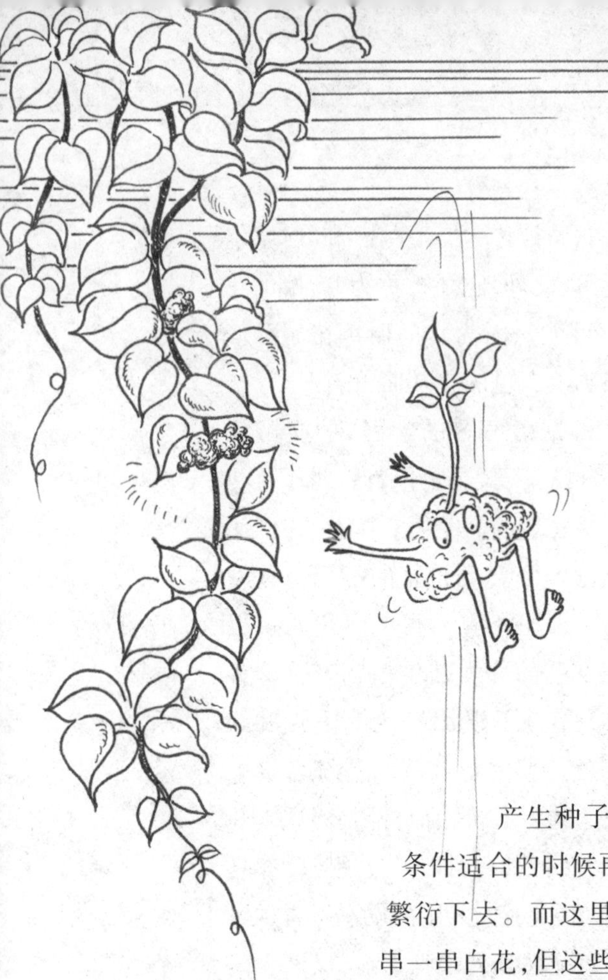

台湾，人们称之为土川七，原因不详。此外，它还有许多其他的名字，比如小年药、土三七、九头三七、软浆七、金钱珠和中枝莲等。

独特的繁殖方式

被子植物一般都是以有性繁殖来产生下一代，也就是植物通过开花、传粉、花粉中的精子和子房中的卵细胞结合产生种子，种子成熟后，落入土壤中，待环境条件适合的时候再萌发产生新的植株，这样一代一代繁衍下去。而这里所提到的落葵薯，虽然也能开出一串一串白花，但这些花凋谢之后，一般不能结出种子，所以它也就无法用种子来继续繁衍自己的后代了。俗话说"当上帝为你关闭一扇门，必然会为你打开一扇窗"，换句话说，也就是天无绝人之路，对于植物来讲，也同样是这个道理。落葵薯在长期的自然选择过程中，为自己找到了另外一种繁殖方式，这种方式比起种子繁殖似乎还要容易和便捷。

落葵薯的株芽脱离母体后，可以萌发成新的植株

那么，这是怎样的一种繁殖方式呢？其实，这就是植物学中所说的营养繁殖，也就是植物体的营养器官（根、茎、叶）的某一部分脱离母体后，重新长成为一个新个体的繁殖方式。这种繁殖方式简单，许多植物的营养器官具有再生能力，脱离母体的部分能长出不定根和不定芽，并进一步长成能够独立生活的新植株。落葵薯便是这类植物家族的一名优秀成员，它可以通过株芽和块茎来繁殖。株芽通常是着生在地上茎蔓叶腋处或地上茎基部，常多个聚集，呈瘤状或球状；块茎生长在地下，形状类似我们做菜所用的姜，呈不规则形状。株芽和块茎长成后进入休眠期，当环境条件适宜的时候便开始萌发，

落葵薯的株芽

长出新芽，繁殖成为新的植株。

自然界通过块茎繁殖的其他植物还有许多，比如老百姓熟悉的马铃薯、芋头、魔芋等，它们的块茎能够储存丰富的营养物质，为其新芽萌发时提供充足的养分，这些块茎通常也是我们人类所食用的部分。通过株芽繁殖的植物也有很多，比如常见的百合、山药等，在菜市场上出售的山药豆便是山药的株芽。

早在1926年，植物学家就在我国江苏发现了落葵薯。1976年我国台湾又从巴西引进了落葵薯，在台北、台南、台东等地均有栽培。现在，落葵薯在我国大陆的许多地方也都有栽培，如广西、广东、贵

山药

马铃薯的块茎

荒地上的落葵薯

篱笆墙上的落葵薯

州、重庆、四川、云南、湖北、湖南、福建、香港等地，大多作为庭院绿化和绿篱观赏植物。

落葵薯生长力强，喜高温高湿，生长适温25～30℃，也具有一定的耐寒力，遇0℃以下低温或严重霜冻，地上部分的茎叶枯死，开春又由地下块茎萌发。它对环境适应性较强，既耐湿又耐旱，任何土壤均可生长良好。落葵薯作为一种藤蔓植物，是一种非常好的绿化植物，它可以缠绕预先设定好的各种造型支架，从而产生预期的各种绿化效果，因而成为了庭院园林绿化植物的首选。落葵薯的根系分布浅，在室内的花盆、槽子里也可以很好地生长。室内盆栽，不仅可提供药品、保健蔬菜，还能调节室内湿度、美化环境。在现代城市建设中，各种立体支柱如电线杆、路灯灯柱、架路立柱、立交桥立柱等不断增加，它们的绿化已经成为垂直绿化的重要内容之一。对于灯柱、廊柱、大树干等粗大的柱形物体，落葵薯可以缠绕或包裹，形成绿线、绿柱、花柱。城市的水泥丛林，经过落葵薯的精心打扮，变成城市绿色森林，有效地增加了绿地面积，增大了绿化效果，使城市更加美观，并在一定程度上降低建筑物内的温度；同时还能有效降低噪声污染，并吸附空气中大量的尘埃，减少细菌的传播，从而净化城市的空气。放眼望去，被绿色覆盖的水泥建筑物，既让我们的身心愉悦舒畅，也可保护我们的眼睛，减少强光及紫外线的危害。

落葵薯富含有机营养成分，是一种药食同源植物，在我国广东、江西、云南、四川、台湾等地均作为保健蔬菜栽培。它的嫩梢称为金丝菜，叶称三七叶，其鲜叶可制作多种菜肴，可清炒、凉拌、做汤等。作为药用植物，落葵薯也在被各地不断开发和利用。

严格防控

落葵薯的生长力强，有报道称，在温暖湿润的环境条件下，它一个星期能够生长1米，在一个生长季能生长6米多。落葵薯扩散迅速，一旦它大量的株芽掉落在某个地区，并产生出新的植株，便会迅速生长，以附近植物为支架，将它们缠绕起来，与它们争夺阳光、水分和生存空间，从而抑制本土植物的生长，一步一步占领本土植物的生存空间，形成自己的独立种群。到了那个时候，控制其生长就非常难。在热带雨林地区，我们更要防止落葵薯的入侵，因为它的蔓藤缠绕在其他植物体上，积累的茎藤多，重量过大，会将被缠绕植物的树枝压断；大量繁殖蔓延后，还会导致本土植物树冠断裂。

落葵薯的蔓藤缠绕在其他植物体上能将被缠绕植物的树枝压断

落葵薯作为一种外来植物，已经被引种到非洲、澳大利亚、欧洲、北美洲和亚洲等地区，后来在世界许多热带、亚热带国家和地区栽培后逸生为有害杂草。在新西兰，落葵薯已经被列入《新西兰国家有害植物的协议》中，其种植和出售被严格限制；2012年澳大利亚杂草委员会针对落葵薯的危害性制定了《马德拉藤战略草案》，目的是阻止落葵薯在澳大利亚进一步蔓延扩散，从而降低这种蔓藤植物对本土植物的影响。我国很多地区也引进了这种植物，并且已经出现了蔓延扩散的迹象。2010年，我国环境保护部发布了第二批外来入侵物种名单，落葵薯成为了其中一员。我国有些地区已经报道过落葵薯蔓延成灾的情况，比如在贵州各民族聚居村寨周围有扩大蔓延的趋势：落葵薯入侵旱地、荒地、自然草地、草坪、果园、森林及公路两旁，单一优势种群面积从几平方米到几十平方米，局部覆盖度达100%，严重危害本土植物，破坏生态环境。

落葵薯一旦蔓延成灾，对其进行清除非常困难。人工拔除的方法不会破坏当地的土壤环境，将整株植物拔除后，一定要注意仔细清理落下的株芽和地下的小块茎，避免该种植物的再次传播。也可以在幼苗期喷施常用除草剂，效果也很好。不论人工拔除还是化学方

外来入侵物种的特点

外来入侵物种主要表现在“三强”。

一是生态适应能力强，辐射范围广，有很强的抗逆性。有的能以某种方式适应干旱、低温、污染等不利条件，一旦条件适合就开始大量滋生。

二是繁殖能力强，能够产生大量的后代或种子，或世代短，特别是能通过无性繁殖或孤雌生殖等方式，在不利条件下产生大量后代。

三是传播能力强，有适合通过媒介传播的种子或繁殖体，能够迅速大量传播。有的植物种子非常小，可以随风和流水传播到很远的地方；有的种子可以通过鸟类和其他动物远距离传播；有的物种因外观美丽或具有经济价值，而常常被人类有意地传播；有的物种则与人类的生活和工作关系紧密，很容易通过人类活动被无意传播。

法控制，在防除工作完成后，必须经常监视清除地区，防止其再次蔓延。因为株芽和土壤中的块茎脱落后可长期保持活性，一旦环境条件适宜会再次萌发，成片生长。

落葵薯似乎全身是宝，不仅食用、药用功能很多，而且还是一种绿化植物资源。但是，如果人们对它管理不当，它就容易蔓延成灾，由“宝”变“害”。因此，我们要对它时刻保持警惕性，使之在没有破坏本地植物资源的情况下，成为我们餐桌上的美味和健康的护卫者，岂不是一件两全其美的好事？！

（徐景先）

李振宇，解焱. 2002. **中国外来入侵种**. 1-211. 中国林业出版社.

王玉林，韦美玉等. 2008. **外来植物落葵薯生物特征及其控制**. 安徽农业科学，36(13): 5524-5526.

万方浩，刘全儒，谢明. 2012. **生物入侵：中国外来入侵植物图鉴**. 1-303. 科学出版社.

环境保护部自然生态保护司. 2012. **中国自然环境入侵生物**. 1-174. 中国环境科学出版社.

野西瓜苗

Hibiscus trionum L.

野西瓜苗外形美丽，柔弱娇小，看似无害，但它确确实实对农作物造成了严重影响。最经济有效的防治方法莫过于人工拔除，还有一个前提就是在它盛夏开花之前拔除，时机绝不能错过，以免它如《西游记》中的孙悟空般变出千百个小野西瓜苗跟你作战，那样的持久战可就不容易打胜了。

以假乱真

炎炎夏日，酷暑难耐，若是能有一个西瓜来解渴消暑，那可真是人生一桩美事！你看，在《西游记》里，猪八戒把一个西瓜分成四份后，却忍不住把属于孙悟空、沙僧，以至师父唐僧的都吃了下去。我们大家都吃过西瓜，对又大又圆的绿色西瓜印象非常深刻。不过，生长在地里的西瓜是什么样子，知道的人就不是很多了，尤其是生活在都市里的人。就拿它的叶子来说，它的叶片就像我们的手掌一样开裂，每个裂片上又分出许多羽状的小裂片，很像精心刻画的艺术品。这样的叶形并非西瓜所独有，特别是另外有一种野生植物的叶子与它非常相似，但却结不出像西瓜那样又大又圆的果实。那么，它究竟是一种什么植物呢？它与西瓜又有怎样的关系呢？

西瓜

在植物分类学领域，一种植物常有很多个名字，首先，它作为一个植物种类必须拥有单独的学名，也就是它的拉丁文名称，目前国际上通用的是瑞典植物学家林奈发明的“双名法”，就是使用属名加种加词(通常还要再加上命名人)的方法，使

西瓜秧

用拉丁文来为每一种植物命名。每种植物通常还具有一个正式的中文名，而这个中文名主要是根据植物特征来取的，也可以根据标本采集地点、采集人等加以命名。除此之外，一种植物还具有许多的俗名，这里的“俗”并不是“庸俗”之意，而是指“通俗”“约定俗成”，是居住在植物生长地的劳动人民长期与植物接触，根据植物的外形特征、用途、习性等特点，自动自发的、为方便记忆和使用等，为植物选取的称谓。同一种植物，由于生长地的居住人群对它认识的不同，便拥有了各式各样的俗名。有的种类由于人们认识和使用它的时间较长、范围较广，而拥有众多的俗名，最多的甚至可达几十个到几百个，如著名的观赏植物美人蕉，它的俗称就多达300余个。但不管俗名有多少，学名却只能有一个，它是唯一的。

了解了植物学命名的小常识，我们就来回答一下开头提到的问题。本文的“主人公”叶形与西瓜叶相似，根据这个特点，它的中文名字就被叫作野西瓜苗，得到这个名字可以说是沾了西瓜的光。至于它与西瓜有什么样的亲缘关系，我可以这么告诉你：从亲缘关系上讲，可以说它们相去甚远！西瓜是盛夏时节的消暑佳品，享有“瓜中之王”的美誉，它的学名是*Citrullus lanatus*，在植物分类学上是隶属于葫芦科西瓜属的一年生植物。它原产于非洲，早在汉朝时从西域传入我国，现在南北各地均有种植。它的茎是匍匐生长的，形状像藤蔓，叶子呈羽状。它所结出的果实是假果，果实外皮光滑，呈绿色或黄色，有花纹，果瓤多汁，为红色或黄色。而野西瓜苗并不如中文名称字面意思所显示的，它不是野生西瓜的幼苗，而是隶属于锦葵科木槿属的一种植物，它的学名为*Hibiscus trionum* L.，其中属名*Hibiscus*来自于古希腊语，是“锦葵”的意思，而种加词*trionum*是一个拉丁文的形容词，意为“三深裂的”，表示它具有“三深裂的叶子”。另外，它也具有许多中文俗名，如香铃草、灯笼花、小秋葵、打瓜花、山西瓜秧等，这些俗名均是由其形态特征而获得的。

现出原形

初识野西瓜苗，还是在我的求学时期。当时导师带我到中国航天城去给准备首次登上载人宇宙飞船的航天员们讲解野外求生知识（植物篇），这样可以帮助他们在野外很好地保护自己。在课堂上，我们介绍了许多在野外没有食物的情况下，如何找到能吃的植物，以及不小心被蛇虫咬伤后可以用哪些植物处理伤口等知识。当天的课程讲完后，导师带我和航天员们在航天城的院子里实地练习辨认植物。

野西瓜苗的叶形与西瓜叶相似，所以它的中文名字沾了西瓜的光。其实它并不是野生西瓜的幼苗

野西瓜苗

在介绍了航天城里的许多常见植物之后，突然，我被一朵乳白色的花吸引了，花的形状很像木槿，但叶子却很像西瓜，一时让我不明就里。导师告诉我们，这就是野西瓜苗，因叶形像西瓜而得名，但与西瓜相去甚远。西瓜隶属于葫芦科，而野西瓜苗隶属于锦葵科。听了讲述后我一下子茅塞顿开，并对这种植物产生了深刻的印象。不过，当时我只是被它的美丽和特别之处所吸引，没想到，它竟是危害农业生产和影响生物多样性的外来入侵植物。

野西瓜苗是一年生的草本植物，株高在30～60厘米之间，算是矮小的草本植物了；茎干柔软，有直立生长的，也有平卧或斜伸向上生长的，具体会出现哪种生长形态与它所生活的环境有直接关系。在水土肥沃的地区，阳光照射好，风沙较小，生长环境比较优越，野西瓜苗就会长势较好，茎挺拔，植株相对较高；然而在土壤较贫瘠的地区，阳光不足，风沙较大，自然条件较恶劣，它就会自发地平卧生长，并产生更为强大的根系来吸收土壤中的水分和无机盐。这可以说是这种植物的一种自我保护策略。

野西瓜苗的叶子是它的一个主要鉴别特征。我们之前提到，它的叶外形极像西瓜叶，因而被称为野西瓜苗。其实，它的叶子存在两种形状。茎下部生的叶子是圆形的，不分裂，而茎上部生的叶子才是

野西瓜苗的叶

掌状3～5深裂，中间的裂片较长，两侧裂片较短，裂片倒卵形至长圆形，通常羽状全裂，上面无毛或疏被粗硬毛，下面疏被星状粗刺毛；叶柄长约2～4厘米，被星状柔毛和星状毛；托叶线形，长约7毫米，被星状粗硬毛。叶子的着生方式是交错互生的，这种方式能更好地接受阳光照射。

它的花朵很漂亮，单生在叶腋处，与叶片交相辉映。花的小苞片有12枚，非常细小，线形，长仅有8毫米，上面布满了粗长的硬毛；花的基部联合在一起，形成一个钟形的花筒，花萼在花期是淡绿色的，有纵向紫色条纹，钟形，长约1.5～2厘米，上面布满了粗长硬毛或星状粗长硬毛，花萼顶端有5个裂片，裂片质地很薄，是膜质的，形状为三角形。它的花形很漂亮，花冠大而开展，颜色淡雅，花心部分颜色艳丽，能吸引昆虫来访问它们。花冠淡黄色，花瓣中央颜色较深，有紫色的斑纹，直径约2～3厘米，花瓣5片，倒卵形，长约2厘米，外面疏被细柔毛。

锦葵科的植物都有一个共同的特征，那就是——雄蕊柱，这是单

野西瓜苗的花

野西瓜苗的花萼

体雄蕊的特征。单体雄蕊指的是植物的一朵花内有雄蕊多枚，花药完全分离，而花丝彼此连结成筒状，包围在雌蕊外面。野西瓜苗作为锦葵科的一分子，当然也具有这个特征。它的花瓣在芽期扭曲，基部与管状的雄蕊柱联合，花瓣凋谢时，会连带着雄蕊一同脱落；雄蕊柱长约5毫米，花丝纤细，长约3毫米，花药黄色，看上去金灿灿的，像面包上撒了很多牛肉松；子房有5个心室，花柱顶端裂成5片，就像毛茸茸的红色小球。

野西瓜苗在结果初期萼片会增大，形状就像灯笼，“灯罩”的质地是半透明的，底色是绿色的，而上面却分布着5条粗的紫色条纹和许多条细的紫色条纹，在条纹上布满了长的白色硬毛和星状毛，把果实包围在里面。但大家不要把它认成灯笼草，因为灯笼草的萼片是不透明的绿色，上面也没有毛。另外它是仰望天空的，而灯笼草是下垂的。绚丽的“灯罩”给它的果实蒙上了一层神秘的面纱，上面还布满硬毛，仿佛是英勇的卫士在守卫着一件稀世珍宝，让人产生强烈的

初果期的野西瓜苗

好奇心，想要揭开面纱，去看看果实的庐山真面目。原来它的果实是蒴果，外形与我们所熟悉的棉花非常相似，只是个头儿要小了许多。蒴果是长圆状球形的，直径大约1厘米，表面有粗硬毛，蒴果裂开后可分成5瓣，果皮黑色，质地薄，里面包含着很多个种子。种子黑色，呈肾形。

周游列国

野西瓜苗可不是土生土长的本地植物，而是从非洲中部远道而来的。它出现在我国的本草记载中，最早可以追溯到1406年的《救荒本草》。

《救荒本草》是明朝的开国皇帝明太祖朱元璋的第五子周定王朱橚编著的一部农经类书籍。明朝是中国历史上灾害发生最频繁的时期，中期几乎可以说到了“无岁不告灾伤、一灾动连数省”的程度，

直立生长的野西瓜苗

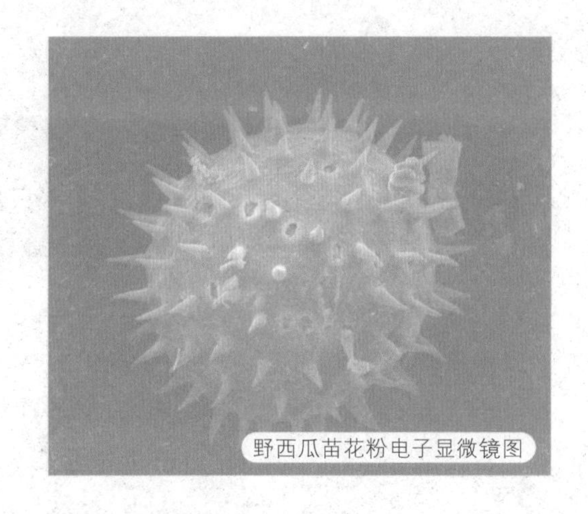
野西瓜苗花粉电子显微镜图

不难想象当时的黎民百姓生活是多么的艰难困苦，温饱问题自然是首先要解决的大问题。周定王朱橚是一位忧国忧民的王子，急百姓之所急、苦百姓之所苦，他在自己的花园里遍植野草，口尝滋味，历时数年，写成了一部指导百姓辨别可食植物从而度过荒年的经典著作《救荒本草》。《救荒本草》采用绘图解说的体例，这样一来，田夫野老，稚子童仆，人人可晓。书中对野西瓜苗是这样描述的："野西瓜苗，俗名秃汉头，生田野中。苗高一尺许，叶似家西瓜叶而小，颇硬，叶间生蒂，开五瓣银褐花，紫心黄蕊，花罢作蒴，蒴内结实如楝子大，苗叶味微苦，今人传说，采苗捣敷疮肿，拔毒。"这段描述可以说是对野西瓜苗最早的较完整的记载。

周定王朱橚在14世纪已经采集到了野西瓜苗的标本，并且研究了它的药效和可食用部分，可见，当时野西瓜苗在中国已经有了一定的种群数量，也较容易采集到标本。那么，这种植物究竟是何年份又经何途径远离家乡，来到中国开枝散叶的呢？目前所看到的文献资料对此没有明确的说法。有人猜测，它是在明朝初期，甚至更早的时候，由于作物引进而被无意带入的，在我国至少已有600年以上的历史了。野西瓜苗也入侵到了美国，在那里大量繁殖，对农作物造成了一定的危害。但它当初却是被美国人从欧洲以"贵客"的姿态高调请去的，用现在的话说是拿到了"美国绿卡"的，并不像它来到我国那样，采用的可能是"见不得光"的偷渡方式。那是因为美国人被它美丽的"外貌"所吸引，不远万里地把它从欧洲引种过去，种植在花园中，当时吸引了众多的爱花人士前去观赏。但是谁也没有想到，"春色满园关不住"，这位"骨子里就不安分"的植物慢慢暴露出了它的本性，从花园里成功地逃脱了，在广袤的野外环境下开拓自己的"疆土"，如今成了破坏农业生产的害草。

野西瓜苗目前分布范围很广泛，主要分布在热带和亚热带地

外来物种入侵的途径

外来物种入侵的主要途径：有意识引入、无意识引入和自然入侵。有意识引入主要是出于农林牧渔生产、美化环境、生态环境改造与恢复、观赏、作为宠物、药用等方面的需要，但这些物种最后就可能“演变”为入侵物种。无意识引入主要是随贸易、运输、旅游、军队转移、海洋垃圾等人类活动而无意中传入新环境。自然入侵主要是靠物种自身的扩散传播力或借助于自然力而传入。

区，甚至在温带地区同样可以见到它的“身影”，表现出强大的适应能力。亚洲离野西瓜苗的原产地较近，“近水楼台先得月”，自然也就成为了它入侵的首选目标。目前，在中国、印度、阿富汗、伊朗、伊拉克、以色列、日本、约旦、哈萨克斯坦、朝鲜、科威特、黎巴嫩、巴基斯坦、沙特阿拉伯、土耳其等国家均可见到它的“芳容”。非洲本就是它的老家，经过多年的扩散和传播，其足迹几乎遍及非洲大陆，博茨瓦纳、科特迪瓦、埃及、埃塞俄比亚、冈比亚、加纳、肯尼亚、马达加斯加、马里、莫桑比克、纳米比亚、塞内加尔、南非、苏丹、斯威士兰、坦桑尼亚、赞比亚、津巴布韦等国家先后被征服。欧洲也是它的“近邻”之一，它当然不会放过这片土地，阿尔巴尼亚、保加利亚、捷克、德国、希腊、匈牙利、意大利、波兰、葡萄牙、罗马尼亚、俄罗斯、西班牙、乌克兰、英国等国家也成为了它的“势力范围”。美洲和大洋洲对它来说距离实在太远了，又有汪洋大海隔断它的去路，靠它自身的力量是万万不能到达的。但它也是“诡计多端”的，它会借助人的力量实现它的入侵。目前，美洲的加拿大、美国和智利已经加入了它的“版图”。就连大洋洲的澳大利亚和新喀里多尼亚也没有被它放过。而在为数众多的国家之中，中国、美国和澳大利亚很“不幸”的特别受到了它的“青睐”，成为了它“大展拳脚”的舞台，在这三个国家的大部分地区都可以找到它的“踪迹”。

一小时花

野西瓜苗从原来有限的生长区域扩散到地球的六大洲，在当今的外来入侵植物中也“小有名气”，没有一些独到的本领是无法实现的。介绍它的本领之前，我想告诉大家，它的一个英文名称叫作“Flower of an hour”，直译成中文就是“一小时花”。从这个名字我们不难想象，它的开花时间非常短暂。事实上，它一般是在上午时分才能开花。曾经有人对它开花的过程进行了跟踪拍摄，发现它从开花到花闭合真的仅仅持续了几个小时。这么短暂的时间真的可以说是“昙花一现”。昙花同野西瓜苗一样，都是“外来客”。不同的是，昙花来自热带美洲，它的花大而美丽，开花的时间是夜晚，花开仅持续3～4个小时，天亮就谢了。传说昙花原是一位花神，她曾每天都开花，四季都灿烂。后来却为了能见她的爱人韦陀一面，把集聚了整整一年的精气在韦陀出现的那一瞬间绽放。“昙花一现，只为韦陀”，可以说是一段凄美动人的爱情传说，而野西瓜苗花的一现，却是为它自身完成传粉受精，产生种子，延续后代。

野西瓜苗原产非洲，那里气候条件炎热、干旱少雨，其开花时间很短，是长期以来自然选择的结果，是一种非常“经济实惠”的生存方式，也是它的高明所在。当然，它在自然条件比较优越的地区，开花时间要稍长一些。虽然花朵如“昙花一现”，但通常并不会影响它的授粉。因为，

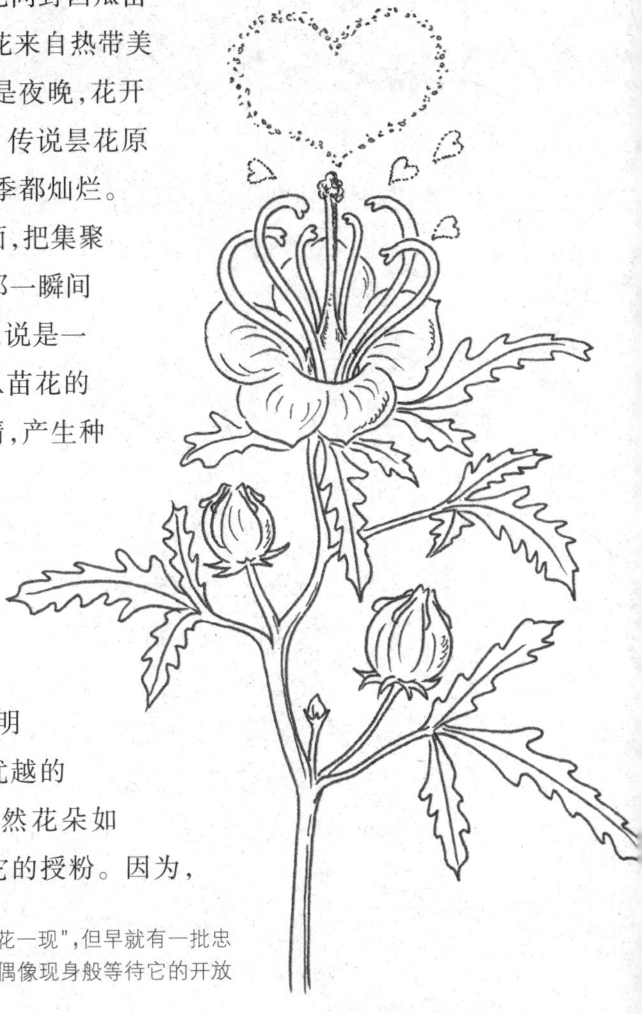

野西瓜苗虽然花朵如“昙花一现”，但早就有一批忠实的“铁粉儿”如等待偶像现身般等待它的开放

蜜蜂

蝴蝶

在它的花开之前,早就有一批忠实的“铁粉儿”如等待偶像现身般等待它的开放,它根本无须担心花朵开放时“无人问津”的局面出现。这些“铁粉儿”就是为它传粉的昆虫,主力是大黄蜂,小蜜蜂和蝴蝶也在其中。

野西瓜苗很有“忧患意识”,居安思危,早就准备好了“没有传粉者出现”的情况下如何自处的“预案”。若没有“铁粉儿”出现,野西瓜苗也不会寂寞等待,在别无选择的时候也会进行自花传粉。它有一套独特的延迟自交机制,为昆虫传粉创造时机。不到万不得已,它是不会进行自交的。野西瓜苗通过异花传粉、受精后结出的种子才是优良的后代,更有生命力,更利于种群的繁衍。延迟自交保证了植物在传粉者稀少的情况下产生种子,但当传粉者丰富时,又允许异交优先发生。野西瓜苗的花柱在柱头裂片未授粉前,可以发生反卷运动,这样有效地避免了自花授粉。这种构造非常奇妙,柱头裂片的反卷是可逆的,这样就可以保证没有异交的情况下,再进行自交,用来弥补开花时间短暂造成的授粉机会少这一不利因素的影响。

除了特殊的授粉机制保障种子产生以外,单株野西瓜苗产生种子的数量也是相当大的。我们在介绍它的形态特征时提到,它是一叶一花植物，每一朵花有5个心皮，每个心皮内包含许多粒种子，这样计算下来，每一株植物可以产生300～500粒种子。果实成熟时，以向四周喷射的方式把种子扩散出去。种子掉入土壤后，约有其中的65%会在当年萌发，其余的则在土壤中埋藏多年后再萌发。由此可见，它强大的繁殖能力是不容小觑的。

农业害草

外来植物侵害本土植物的方式主要有两种，直接竞争和间接竞争。直接竞争就是化感作用，是植物在其生长发育过程中，通过排出体外的代谢产物改变其周围的微生态环境，导致同一生长环境中植物之间相互排斥或促进的一种自然现象。间接竞争，是相邻植物对地上（光、热）和地下资源（水分、矿物质养分）的争夺，是植物个体为获得资源而限制其他个体获取资源的能力。野西瓜苗主要是通过间接竞争来影响本地植物或农作物的生长。它主要生长在裸地、退耕还林地、人工干扰频繁的路边、农田、果园当中。最为显著的是，它对农作物的生长和产量产生了直接的影响。有研究表明：野西瓜苗在大豆田中与其竞争生长，整个生长季后，大豆的减产率竟高达75%。它对许多农作物都构成威胁，如玉米、甜菜、棉花等，被称为农业害草是“实至名归”的。

野西瓜苗外形美丽，柔弱娇小，看似无害，但它确确实实对农作物造成了严重影响。如何对它进行防治，也是迫在眉睫的一件大事。治理野西瓜苗最经济有效的方式莫过于在开花之前人工拔除，因为它的花期是盛夏，这项措施要在盛夏来临之前完成，时机绝不能错过。抓住时机才能避免它开花结果，以免它如《西游记》中的孙悟空般变出几百棵野西瓜苗跟你作战，那样的持久战可就不容易打胜了！有些昆虫也是我们人类的好帮手，黄色扇贝蛾等一些鳞翅目的幼虫会以野西瓜苗的叶子为食。

化学防治也是可以使用的方法之一。选用化学除草剂要注意其专一性，要选择恰当的时间、温度，这样才能既发挥了除草剂的威力，

野西瓜苗对许多农作物都构成威胁

又不对其他生物造成伤害。对野西瓜苗比较有效的化学除草剂是西玛津、高效盖草等。一定要记住，除草剂要在苗期喷洒，等到植物已经“长成气候”了，也就发挥不出它的效力了。

对于外来入侵植物，在认识其入侵性和威胁性的同时，开发它们可利用的价值，也是对它们进行有效控制的途径之一。600多年前的《救荒本草》已经提出野西瓜苗的药用价值，除了叶片外，野西瓜苗种子嚼起来有一种幽香，也具有润肺止咳功能。总之，野西瓜苗在清热解毒、利尿、治疗水火烫伤等方面疗效显著。《救荒本草》中也对它的食用价值作了介绍，把它开发成野菜，不用花费心思去种植，就能

"顺手拈来",不但能丰富我们的餐桌,还能起到防治它的效果,岂不是"一举两得"的美事!

美事归美事,我们更想达到的一种状态是——没事!如果没有这些外来入侵植物给我们人类和本土植物造成的这些困扰,也不必绞尽脑汁去想出各种办法来防治它。我希望读者朋友们不管是在旅行或日常生活中,当你看到叶子像西瓜叶的野西瓜苗时,麻烦你将它拔除,不要给它机会变出许多许多的小野西瓜苗来!

(毕海燕)

深度阅读

李振宇,解焱. 2002. **中国外来入侵种**. 1-211. 中国林业出版社.

田家怡. 2004. **山东外来入侵有害生物与综合防治技术**. 1-463. 科学出版社.

徐正浩,陈为民. 2008. **杭州地区外来入侵生物的鉴别特征及防治**. 1-189. 浙江大学出版社.

徐海根,强胜. 2011. **中国外来入侵生物**. 1-684. 科学出版社.

万方浩,刘全儒,谢明. 2012. **生物入侵:中国外来入侵植物图鉴**. 1-303. 科学出版社.

李景文,姜英淑,张志翔. 2012. **北京森林植物多样性分布与保护管理**. 1-443. 科学出版社.

福寿螺

Pomacea canaliculata Lam.

防治福寿螺要坚持“以生物防治为基础，农业防治为辅助，化学防治为补充”的综合治理策略，重点抓好越冬成螺产卵盛期前的防治，整治和破坏越冬场所，减少冬后残螺量，配合人工捡螺摘卵、养鸭食螺等措施，达到防治指标。在进行药物防治时，一定要注意保证农业生态和水体环境的安全。

震动京城的“福寿螺事件”

福寿螺菜肴

在卫生部公布的2006年十大食品卫生典型案件中，“福寿螺事件”赫然在列。

这一年夏天，北京先后有160人在某酒楼食用了看似美味可口的“凉拌螺肉”而患上了“广州管圆线虫病”，从而引发了社会公众广泛关注的“福寿螺”食品安全卫生事件。

当时，这家酒楼推出了一种以小海螺为原料的“香香嘴螺肉”，颇受顾客的喜爱。为了追求螺肉的鲜美，厨师一般将带壳的海螺入锅在沸水中煮一下，便放入凉水中浸凉退壳，然后挑出螺肉切片凉拌。不过，由于小海螺大小不一，很难保证菜品的质量标准，顾客多有抱怨。为了解决这一问题，该酒楼改用大小较一致的福寿螺为原料，试销后顾客反映良好。由于此前北京从未出现感染广州管圆线虫的病例，后厨师傅对福寿螺的危害毫不知情，所以就按照一般海螺的操作方法进行制作。

一天晚上，一位我国台湾地区籍客人携全家及朋友一行8人，来到这家酒楼就餐，并点了凉菜“香香嘴螺肉”(凉拌螺肉)。不料，10余天后，他出现了剧烈头痛和发烧的症状，在北京各大医院就诊后，均未查明病因。他辗转到各地求医，最终被广州的医院诊断为感染了“广州管圆线虫病”。更为严重的是，与他一同进餐的妻子和不足两岁的女儿也相继发病。就在他为病情奔波的时候，北京又陆续发生了大量的广州管圆线虫病确诊病例，北京市卫生局将此判定为重大突发性公共卫生事件，并迅速查明了这一事件的罪魁祸首就是这家酒楼经营的未彻底加热的凉拌螺肉，原料即是福寿螺。于是，该酒楼立即成为众矢之的，千夫所指。同时，北京市食品安全办公室发出通知，市场上所有福寿螺买卖被叫停，购进、销售福寿螺将面临最高万元的罚款。

这场震动京城的“福寿螺事件”让涉事酒楼“一夜成名”，它也成为各大媒体追逐的焦点。该酒楼则通过各大媒体对此事件中感染广州管圆线虫病的所有患者做出了公开致歉，并承诺对消费者进行赔付。但是，在与消费者和解解决了部分纠纷后，仍有20余名消费者将这家酒楼起诉至北京的各个法院。沸沸扬扬的“福寿螺事件”在经历了1年半之后才尘埃落定。

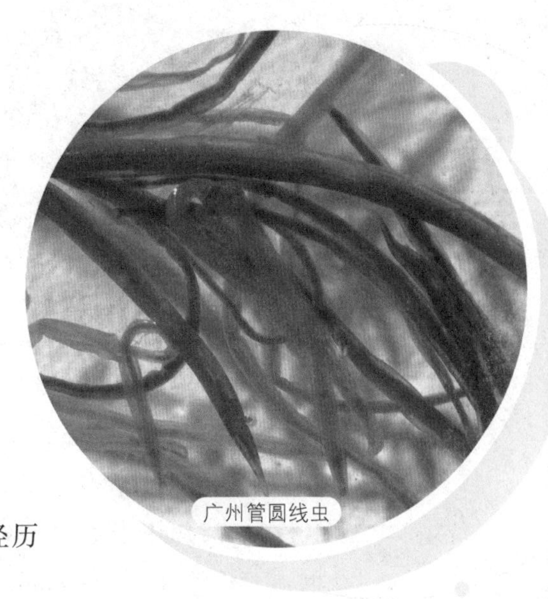
广州管圆线虫

这次事件的元凶“福寿螺”并非我国的土著物种，其原产地是在遥远的南美洲亚马孙河流域。由于福寿螺肉色金黄，脆嫩味美，而且繁殖快、产量高、价格低廉，正好符合了我国改革

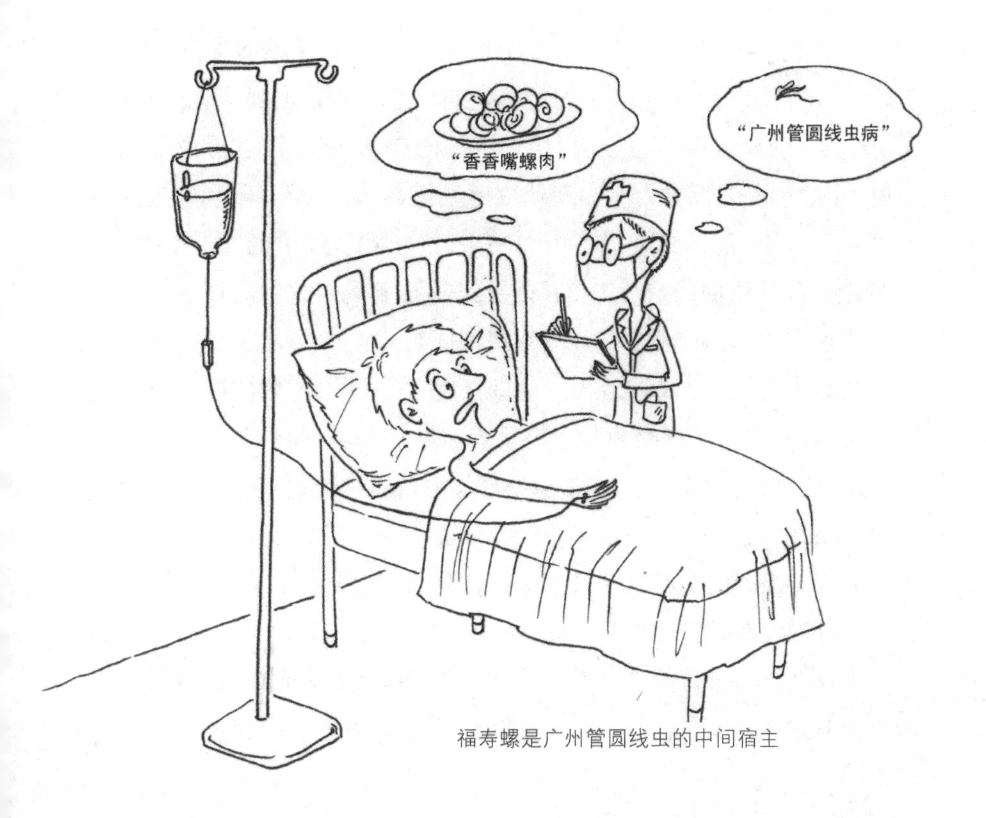

福寿螺是广州管圆线虫的中间宿主

福寿螺

开放初期人们时兴吃生猛海鲜、怪味食品的情况。于是，大量的福寿螺涌向了水产市场、超市、酒楼、饭店和大排档。不过，福寿螺进入我国之后不久，就有人因食用福寿螺而感染广州管圆线虫病。因此，许多福寿螺的养殖户自己并不食用这种螺肉。

广州管圆线虫是隶属于圆线虫目后圆线虫科后圆线虫亚科管圆线虫属的一种寄生性线虫，它是我国科学家于1933年首先在广州褐家鼠的肺部中检出并命名的。广州管圆线虫完整的生活史需要中间宿主和终宿主才能完成，目前已知的中间宿主包括蛞蝓、非洲大蜗牛和福寿螺等淡水软体动物，而终宿主主要为各种鼠类。除了正常的中间宿主和终宿主外，广州管圆线虫还可以侵入一些非适宜的宿主体内，但不能完成生长发育，这种非适宜宿主称为转续宿主，包括蛙类、鱼类、蟹和淡水虾等。

人类感染广州管圆线虫的过程非常复杂，也似乎有点“恐怖”。首先，广州管圆线虫将老鼠的身体作为自己生长繁衍的温床，所以它又被称为“鼠肺线虫”。其成虫在老鼠体内产卵，卵随即发育成一期幼虫，并被排出老鼠体外；一期幼虫遇见福寿螺后，便可顺利进入到螺体内。这样，福寿螺就成了中间宿主，广州管圆线虫的二期幼虫、三期幼虫在其体内顺利发育，不会受到任何阻挠。此时的福寿螺已载满了攻击人类的利器，一只福寿螺可能带有6000条左右的广州管圆线虫幼虫，它们可以存活很长时间。而人一旦吃了生的或加热不彻底的、藏有广州管圆线虫的福寿螺后，即可感染广州管圆线虫病。广州管圆线虫的幼虫，特别是三期幼虫，可以通过消化道进入人的中枢神经系统，在脑脊液中游弋，引起头痛、头晕、发热、颈部僵硬、面神经瘫痪等症状，酿成脑膜炎、脑膜脑炎、脑膜脊髓炎等疾病，严重的甚至可以使人致残、致死。

事实上，广州管圆线虫病的分布范围并非仅限于广州，而是在热带和亚热带地区广泛分布，其大部分病例出现于东南亚地区和太平洋地区。随着世界各国之间交往的日趋频繁，导致广州管圆线虫的病例在澳大利亚、北美洲以及非洲等地也有出现。因此，北京出现“福寿螺事件”就不足为怪了。

“外来螺”的一生

福寿螺*Pomacea canaliculata* Lam.又称大瓶螺、苹果螺、雪螺等，为隶属于腹足纲中腹足目瓶螺科瓶螺属的软体动物。它的外观与我国土著的田螺相似，但个体比一般田螺大。它具有一个螺旋状的螺壳，呈短而平的扁圆形，不像田螺那样为长而尖的钝圆形。福寿螺的螺壳有光泽和若干条细纵纹，颜色随环境及螺龄不同而异，但多呈黄白色，而田螺的螺壳多为青褐色。福寿螺的头部和腹足可以从螺壳中伸出，头部具触角2对，前触角短，后触角长，后触角的基部外侧各有一只眼睛。螺体左边具1条粗大的肺吸管。成螺的螺壳厚，壳高7厘米，幼螺的螺壳薄，螺壳的缝合线处下陷呈浅沟，壳脐深而宽。

福寿螺主要栖息于各类流速缓慢或静止的淡水水体中，如沼泽、沟渠、池塘、河流、湖泊以及各类水田中。它具有避光性，怕强光，白天活动较少，夜间、阴天相对活跃。福寿螺靠腹足爬行，也能在水面缓慢游泳。它的感觉较灵敏，遇有敌害，便下沉到水底。它喜欢集群，或吸附在水生植物茎叶上，或浮于水面，尤其偏爱水草丰盛、水质清新、通气良好的水域，但也能忍受污浊的水质。福寿螺食性广泛，动、植物皆可，但以鲜绿多汁的植物为主，特别喜食水生维管植物。在饥饿状态下，成螺也会残食幼螺和卵。

福寿螺的触角

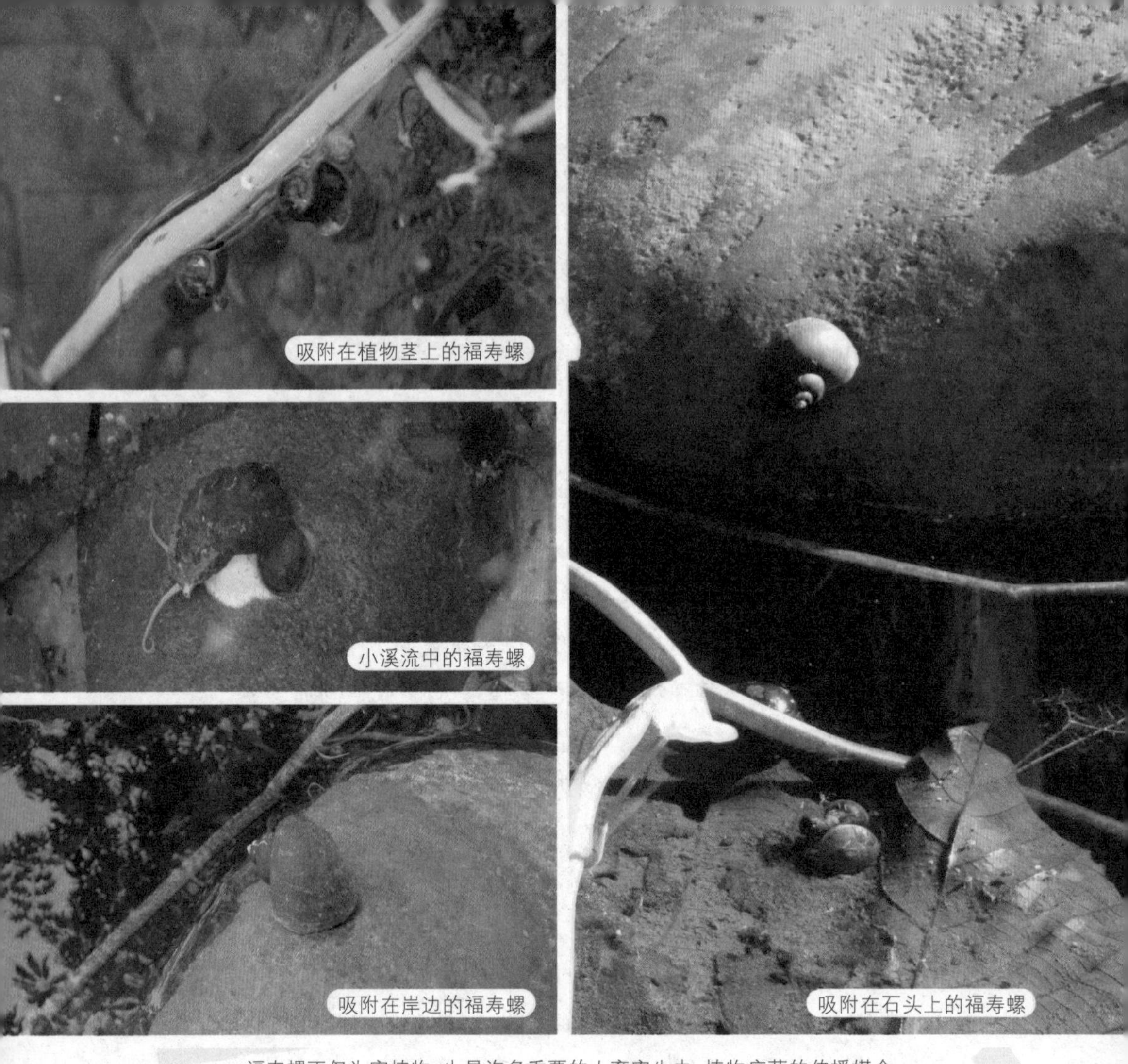

福寿螺不仅为害植物，也是许多重要的人畜寄生虫、植物病菌的传播媒介

福寿螺维持生命活动的温度范围在5～42℃，生长发育的最适温度范围在20～30℃，12℃以下时活动能力显著减弱，8℃以下进入冬眠。在福寿螺的外套腔内有腮，且其中一部分特化为肺囊，因而它具有两栖性，当水中溶氧量低时可漂浮到水面呼吸空气。鳃肺结合使福寿螺能长时间离开水体进行较远距离运动，这对于生活在沼泽或阶段性干涸生境的物种来说，有很大的适应意义，也意味着它们较容易扩散至新的生境中。不过，离开水后它们的活动能力会受到很大的限制。

福寿螺的螺壳和厣甲能有效阻止水分散失。它们可在干燥及气候温暖的地方过冬，当生境干涸时，福寿螺就钻入泥土中，紧闭厣甲，进入休眠状态，可长达3～6个月之久，在此期间能忍受软体组织一定程度的消耗。当温度、水分条件适宜时，它们可全年活跃活动，无休眠期。

福寿螺的越冬螺态以幼螺为主，越冬场所较广，不仅能在河流、池塘、沟渠、泥石缝中越冬，还能在稻田土中越冬。在稻田土中越冬的福寿螺，开始越冬的时间视田间断水的早晚而异，一般连作晚稻田里的在11月下旬后钻入土中越冬，低洼田块的延迟至12月中旬末。在越冬期间，如遇大雨，田间受浸泡，气温在15℃以上时，部分越冬福寿螺可钻出表土，小范围缓慢行动。

福寿螺的生活史分为卵、幼螺和成螺3个阶段，其生命周期受水环境温度和食物丰度影响，一般为2～5年。当水温处于较高的适温范围及食物充足时，福寿螺生命周期较短，且全年产卵；当温度较低及环境条件不利时，生长相对缓慢且有休眠期，只在春夏季等条件有利的季节产卵，生命周期也相应延长。福寿螺繁殖力极强，1年可发生2～3代，幼螺3～4个月即达到性成熟，且世代重叠。

福寿螺为雌雄异体、体内受精、体外发育的卵生动物。雌螺厣中间内凹，而雄螺厣中间凸起，边缘上翘。它们的婚配属于乱交制，无固定配偶。有趣的是，雌螺对其配偶的大小没有选择性，而雄螺对雌螺的个体大小有选择性，倾向于与较大个体的雌螺交配。

福寿螺的交配行为白天夜晚都可进行，每周交配3次左右。交配时，雌、雄螺扭合在一起，雄螺从后面爬上雌螺的壳，足部附着在雌螺壳口外唇上缘，将肌肉质的阴茎鞘（里

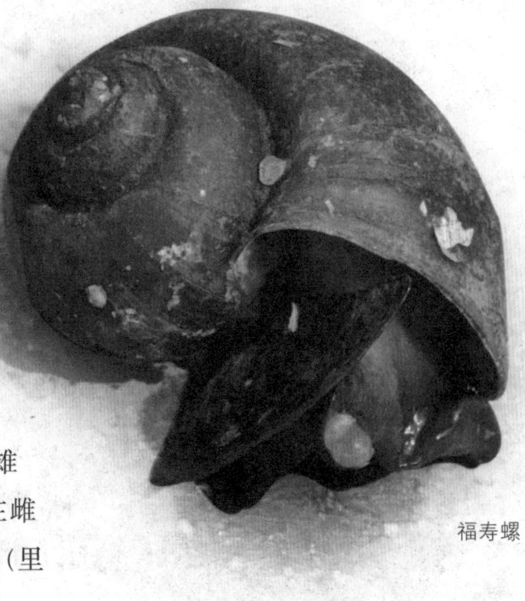

福寿螺

福寿螺和它们的卵块

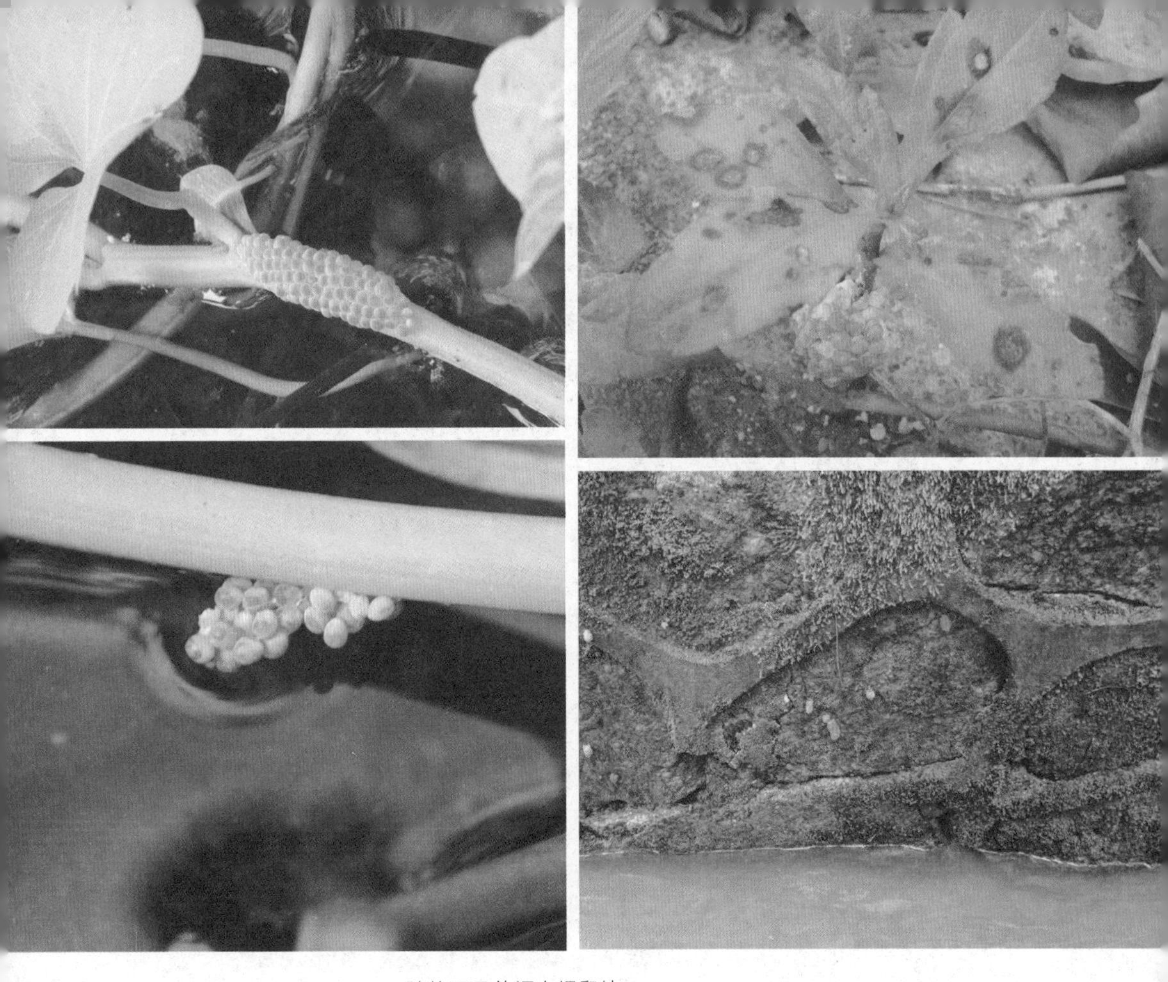

随处可见的福寿螺卵块

面有细长、鞭状的阴茎)插入雌螺的生殖道。在交配过程中,雄螺的头始终缩入壳内,而雌螺可以四处活动并且不停地取食,整个交配过程都维持这种姿态,持续时间可以从几个小时到一整天。即使将一对正在交配的螺拿出水面,几分钟至一小时后,雄螺也不会松开雌螺。

雌螺产卵常在夜间进行,产卵时爬出水面,在干燥物体或植株的表面,如茎杆、沟壁、墙壁、田埂、杂草等表面产卵,每隔2 ~ 6天产卵1次,每次产一个卵块,交配1次可连续产卵多至14次。产卵是非常耗时的过程,每产1个卵块需2 ~ 8个小时,相当于每产1粒卵需1分钟左右。但是卵粒并不是匀速产出,开始时较快,后期速度越来越慢。产卵也是一个极消耗体力的过程,产卵完成后,雌螺已筋疲力尽,再无力爬行，而是直接从产卵处向下垂直坠落水中，之后紧闭庵甲，半个小时左右都不能动弹。

雌螺在排卵的同时分泌黏液，使卵粒紧密粘连形成3～5层垒叠的蜂窝状、长条形或椭圆形卵块。每个卵块的卵粒数目随产卵雌螺个体大小而有所变化，一般为200～300粒，大的可达1000粒左右。雌螺个体越大，产的卵块就越大，卵粒的数目也越多，单个卵粒的直径也越大。卵粒排列整齐，卵层不易脱落。卵粒为圆球形，刚排出的卵柔软有弹性，为鲜红色或淡红色，直径2～3毫米。1～2天后卵块变成粉红色，卵壳变得硬且脆。卵须在干燥环境中才能正常发育。孵化时间随温度而变，当孵化温度为20～24℃时，卵块孵化时间需18天左右；在28～32℃时，孵化时间需8～15天左右。当卵变为暗红色或灰白色时，则预示着幼螺即将孵化出来了。

福寿螺产卵量极高，一只雌螺1年可产卵20～40次，共繁殖上万只幼螺。刚孵化出的幼螺体高为2.0～2.4毫米，淡褐色，孵出后直接落入水中或向下爬入水中，即开始吞食浮游生物等。福寿螺生长速度呈现阶段性变化，幼螺在前几个月生长迅速，在出现性活动并产卵时生长率降低，甚至完全停止；产下1批卵之后，又开始快速生长，直到下一个繁殖期。

引狼入室

福寿螺是在20世纪70年代末，被当作高蛋白食物，首先引入到美国和东南亚部分地区进行养殖的。然而，福寿螺的经济潜力从一开始就被高估了，市场从未发展起来。起初，在东南亚各国掀起了一阵狂热的福寿螺养殖风，但由于福寿螺的味道与肉质不受欢迎，喜食者甚少，出现了滞销局面，养殖户纷纷弃养，福寿螺被抛进了水沟、池塘。不到几年，福寿螺便在很多国家酿成螺灾，成为严重危害农作物生产的外来入侵物种。

在福寿螺的原产地，农业以种植大豆、小麦等旱地作物为主，水稻并不是主要的农作物，依水而生的福寿螺无法在农田里获得利益，再加上气候和天敌等因素的共同作用，它并未对农作物造成大面积的危害。不过，当福寿螺被引种到泰国、越南、马来西亚、印度尼西亚、菲律宾等以种植水稻为主的东南亚国家之后，就给它的泛滥成灾提供了条件，这些国家都相继暴发了严重危害当地水稻生产的事件。福寿螺最喜欢取食幼嫩秧苗，当田间有水时，福寿螺就用层状牙咬断幼苗基部，嚼食水稻嫩鞘，也吞食稻叶和幼嫩的茎。早、中、晚稻插秧后1个月内和中晚稻秧苗期、直播稻生长前期是

沟壁上的卵块

福寿螺为害的植物

福寿螺危害最严重时期。福寿螺的肆虐造成少苗缺株，影响分蘖，致使秧苗不足，从而明显减少有效穗。福寿螺对水稻的危害程度随螺重的增加而增加，也随螺口密度的增加而增加。因此，凡福寿螺较多的稻田，水稻必然大幅减产，严重时水稻产量损失可达90%，基本绝收，甚至导致饥荒。另外，福寿螺对水稻还会产生间接的危害，即福寿螺取食水稻茎秆后留下的伤口可成为多种病菌入侵的通道，继而诱发多种病害的发生和流行。

在我国，福寿螺首先是在1980年由一位华侨自阿根廷私自带了一个卵块到台湾进行养殖的，但在1982年就发生了严重的螺害。它在适宜的、缺乏有效天敌的环境中，很快就建立起自然种群，且种群密度十分巨大。由于其惊人的繁殖力和极大的食量，福寿螺除了为害水稻以外，还喜食那些表面光滑无毛、肉质性、乳汁性的嫩绿青料，如茭白、莴苣、马蹄、莲藕、慈姑、西洋菜、空心菜、荸荠、绿萍、水浮莲、莲子草、席草、水草、节节草等，几乎到了“见青就吃”的地步，对当地水生蔬菜和水生植物也造成毁灭性影响，并且破坏当地食物链，威胁当地生物多样性。但是，福寿螺在台湾所引发的灾害并没有受到我国大陆养殖地区的重视和防范。

1981年，同样由一位华侨将福寿螺引入了我国大陆，在广东中山沙溪镇养殖成功后，于20世纪80年代初被推广至广东、广西、福建、浙江、江苏、上海、湖北、江西、辽宁、北京、安徽、四川、重庆、甘肃、天津等10多个省、直辖市和自治区进行养殖，一度将福寿螺的养殖热潮推上了巅峰，形成了福寿螺养殖的迅速扩张期，呈现出从广东到全国各地发散式的传播格局。

不过，到了20世纪90年代，福寿螺的养殖热度便有所降低。由于养殖户缺乏对福寿螺生物学特性、营养价值、市场前景的认识，盲目引进后多在稻田、池塘散养，缺乏科学管理和监测，或过度养殖，加上福寿螺味道不好，市场反应冷淡，销路不畅、生产过剩，大量成、幼螺被随意弃于野外沦为野生，

福寿螺

漓江两岸是福寿螺泛滥的地方

导致失控，形成灾难性后果。现在，野生福寿螺已遍布大江南北的水生环境，无论池塘、湖泊、沼泽、稻田等，几乎随处可见。

福寿螺可以自行爬行一定距离，它们在水沟里一星期时间可向上爬行100米，向下爬行500米，成螺可年行2～3千米。但是这并不等同于它们能主动长期长距离地迁移。福寿螺在我国的快速蔓延主要是人为因素造成的。由于福寿螺的入侵地一般多为水网密集的地区，当福寿螺成功定殖后，可随水流迅速扩散蔓延至河流、沟渠、农田，而暴雨、洪水等因素会将具有极强随水漂流能力的福寿螺推向新的区域，加速福寿螺的扩散。灌溉和田面浸水，特别是串灌很容易导致福寿螺的迁移、传播和大面积暴发；冬季稻田休闲或淹水也有利于福寿螺的安全越冬。因此，福寿螺自身的繁殖特性及其入侵地的农田生态环境条件、作物种类、栽培方式、田间管理措施，是造成福寿螺种群暴发的重要条件。

此外，无意的人为扩散（如随鱼苗、饲料、蔬菜等带入，商贩作为食品引入等）和随水系的自然扩散，也为福寿螺的局部入侵提供了条件。

水稻是我国主要的粮食作物，栽培面积占世界水稻总面积的20%以上，稻米产量占世界总产量30%以上，其中70%以上的稻田分布在长江以南地区，而福寿螺的入侵地区大致与长江以南的水稻主产区一致，对我国水稻危害的风险非常大。据估计，每年大约有上百万公顷左右的水稻遭受不同程度的福寿螺危害。例如，在福建的福寿螺重灾区，水稻单产可减少30%～50%；在广东，秧田和分蘖期稻田一般受害7%～15%左右，高者可达64%。现在，福寿螺已成为我国为害水稻、莲藕、茭白、菱角、芡实等水生作物以及水域附近的白菜、菠菜、紫云英、甘薯、空心菜等旱生作物的恶性外来入侵物种，对农业生产造成严重影响。而且，成螺的螺壳较坚硬，边沿锋利，一旦手脚不慎踩到或接触到其锋利部位，就可能割伤皮肤而引起感染，危害农民的身体健康。

福寿螺除了为害水生作物以外，还通过取食、代谢、改变水环境三个途径来影响整个水体的生物多样性。福寿螺的食性广杂，可以取食大型水生植物、浮游藻类、附着型浮游生物、无机及有机碎屑等。福寿螺的直接取食作用会干扰水生生物群落的组成结构，影响特定功能食物链的稳定性。它与淡水底栖生物争食，甚至吞食本地田螺，导致大量本地物种减少或消失。福寿螺还与鱼、虾争抢食物，致使养殖业大幅减产。福寿螺食量大，排泄物多，经长期积累会引起水体变质。一些鱼塘、水池、水沟如果水流不畅，容易造成水中缺氧，水体变黑发臭，影响水中生物的生长。变质的水通过地下渗透和暴雨冲刷，流入水库、溪流、水井和池塘，会污染人和牲畜饮用水，威胁人畜健康。此外，福寿螺鲜红色的卵块与水域背景形成鲜明对比而破坏景观，影响旅游产业。因此，福寿螺被列为世界100种恶性外来入侵物种之一。2003年，我国国家环保总局也将福寿螺列入第一批外来入侵物种“黑名单”。

防治外来物种入侵的方法

外来物种入侵的防治需要长期坚持“预防为主，综合防治”的方针，要科学、谨慎地对待外来物种的引入，同时保护好本地生态环境，减少人为干扰。在加强检疫和疫情监测的同时，把人工防治、机械防治、农业防治（生物替代法）、化学防治、生物防治等技术措施有机结合起来，控制其扩散速度，从而把其危害控制在最低水平。

人工或机械防治是适时采用人工或机械进行砍除、挖除、捕捞或捕捉等。农业防治是利用翻地等农业方法进行防治，或利用本地物种取代外来入侵物种。化学防治是用化学药剂处理，如用除草剂等杀死外来入侵植物。生物防治是通过引进病原体、昆虫等天敌来控制外来入侵物种，因其具有专一性强、持续时间长、对作物无毒副作用等优点，因此是一种最有希望的方法，越来越引起人们的重视。

三防策略

防治福寿螺造成的危害，人工拾螺摘卵是必不可少的方法。这个方法虽然劳动量大，却非常简单、有效。福寿螺具有倾向沿壁爬行、聚集分布的习性，因此，在春秋季产卵高峰期，可在稻田田埂边、水渠旁等处插一些竹片、木条、木桩等，福寿螺就会在上面集中产卵，使收集卵块变得容易许多。只要及时移出处理带有卵块的物体，摘

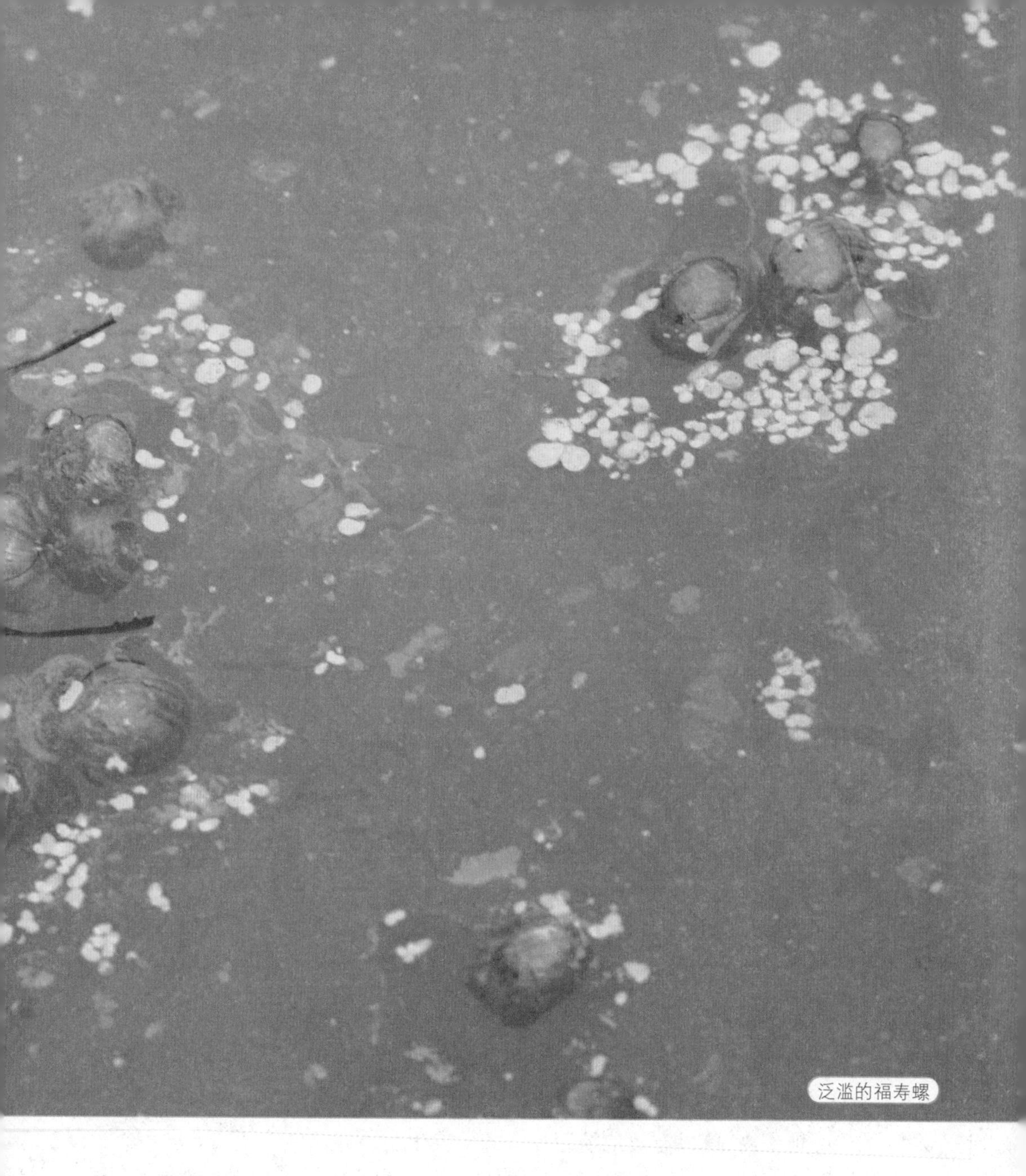
泛滥的福寿螺

除上面的卵块进行销毁就可以了。使用装有葛笋叶、木薯叶、红薯叶、芋头叶的袋子或笼子做诱饵，也可以引诱福寿螺，使它们不吃或少吃秧苗，然后动手捡起诱饵附近的福寿螺，将其消灭。此外，也可以结合农事操作进行捡螺活动，及时消灭卵块。

另外一个相对简便的方法是挖沟渠。在田里或田地四周挖一些浅沟，当田里的水慢慢放干时，福寿螺会迁移聚集到尚有积水的沟里，这样就可以很容易地收拾它们。使用该方法时，田里地面要

福寿螺

保持平坦，否则积水坑洼太多福寿螺就不会往沟里迁移聚集。在田地入水口处安设网筛，可阻止福寿螺在田地之间迁移，并很容易收集聚在网前的福寿螺。采取中耕灭卵、清除杂草、深耕等措施，保持田地周围无杂草杂木生长，可减少福寿螺的产卵场所，消灭福寿螺滋生地；也可使田里的福寿螺很容易被看见而消灭，降低了福寿螺在田地之间迁移的机会。福寿螺主要集中在溪岸、沟渠和低洼积水处越冬，因此要结合冬修水利，整治沟渠道，铲除畦边杂草，破坏福寿螺的越冬场所。

从农作物自身的角度来考虑，也有一些防治福寿螺的方法。例如，秧苗越大越不容易受到福寿螺的危害，因此，当福寿螺密度较低时，可通过加大移栽秧苗数量、补栽被破坏的苗丛来弥补福寿螺造成的损失。

从耕作的角度考虑，有效的防治方法还有：使用重机械犁翻晒田，使福寿螺被碾碎或被深埋；燃烧秸秆，烧死近地面的螺，而且灰分对福寿螺也有一定的驱逐、排斥作用；在田地周边设置铜质障碍物，等等。水源好的地方可以采取水旱轮作，破坏福寿螺的生存环境。在一年内，春夏季种植水稻的地区，秋冬季改种玉米、大豆等旱地作物，可以有效地控制福寿螺的发生。

防治福寿螺还可以使用化学药剂，但其对农业生产及生态环境的负面影响日益突出。一些有机杀螺剂虽然对防治福寿螺有一定效果，但对人的皮肤有强烈的刺激作用，对水生生物有剧毒，而且对自然界生态平衡有破坏作用，防治成本也比较高，在实际应用中有很大局限性。另外，施用螺药能有效控制稻田福寿螺幼螺的数量，而对成螺的控制效果较差，停止施药后福寿螺种群数量会出现“反弹”，重新增长。因此，施螺药的稻田还应该注意对中螺和成螺的后期防治。

利用生态、生物方法来控制和减轻福寿螺的发生和危害，是最安全有效的途径，其中蛙类、鱼类、鳖类和鸭子等，可以广泛应用，而有些所谓的“天敌”，例如老鼠等，其本身就会严重破坏农业生产，因此不宜应用其来防控福寿螺。

自然界的青蛙、蟾蜍等都是福寿螺的天敌，保护这些有益生物，对福寿螺的危害有一定的抑制作用。饲养青鱼、鲤鱼、桂花鱼等鱼类可以有效降低田间福寿螺的数量，特别是在茭白田中饲养青鱼，成为目前比较成功的生物防治方法之一。中华鳖对茭白田中的福寿螺也具有很强的捕食能力和极佳的控制效果。

鸭子作为福寿螺的天敌，对水稻田福寿螺具有很强的捕食能

鸭子

中华鳖

鲤鱼

人工捡螺摘卵

"稻鸭共育"既能很好地控制福寿螺,也减少了环境污染

力。因此,"稻鸭共育"在我国很多福寿螺密度较高的水稻田中,成为应用最为广泛的一种控制手段,也避免了使用杀螺剂所造成的环境污染。此外,稻鸭共育期间还能控制稻飞虱和纹枯病等病虫害。同时,共育后的鸭子商品性好,在市场销售的价格比圈养高,还能提高种粮农民的收入,因此具有广阔的应用前景。

稻鸭共育对早稻田福寿螺种群的控制作用比晚稻田更为理想。不论是早稻还是晚稻,在抽穗期赶鸭上田后,还需要根据田间的具体情况,配合其他措施以控制福寿螺种群在后期的繁殖和生长。稻田放鸭最好在插秧前、后30~40天,以及稻子收割以后。由于鸭子也在一定程度上破坏秧苗,所以在秧田和移栽前期不宜使用。而且,鸭子只能摄食幼螺,对个体较大的成螺无能为力,所以稻鸭田应采取辅助措施防治个体较大的成螺。芋头田也可放鸭,但是必须看管,以防鸭破坏芋头苗特别是新栽的幼苗。

近年来,我国科学家还尝试就地取材,利用植物提取剂来灭螺,为稻田中福寿螺的有效控制提供了新的途径。

事实上,上面所述的各种方法虽然都有效,但单独使用其中一项措施难免有其各自的局限性。比如,人工防治简单易行但费时费工;化学防治省时省力,效果迅速但污染环境,而且对人体与水生生物有害;生物防治经济实惠,安全无毒,但常常不能马上就见效。

因此，防治福寿螺要坚持“以生物防治为基础，人工防治为辅助，化学防治为补充”的综合治理策略。重点抓好越冬成螺产卵盛期前的防治，压低二代发生量，并及时抓好第二代的防治。

在防控福寿螺的过程中，也可以将它作为一种资源，如将其加工成饲养鲶鱼、鲑鱼和鳟鱼的饲料，代替鱼粉，成为新的蛋白源。我国科学家还从福寿螺中提取了消化酶，为今后充分利用福寿螺资源来进行工业化生产开辟了一条新途径。

现在，“福寿螺事件”已经过去了很多年，当年遭受重创的那家酒楼也已经从“折翅的阵痛”中走出，逐渐恢复了往日的繁华。

只是，人们除了吸取教训，不再吃生的或半生的螺类等淡水产品之外，对于福寿螺的疯狂入侵，还需要进行深刻的反思。

（张昌盛）

李振宇，解焱. 2002. **中国外来入侵种**. 1-211. 中国林业出版社.

杨叶欣，胡隐昌等. 2010. **福寿螺在中国的入侵历史、扩散规律和危害的调查分析**. 中国农学通报，26(5)：245-250.

宋红梅，胡隐昌等. 2009. **外来入侵生物福寿螺的生物学特性、危害与防治现状**. 广东农业科学，2009(5)：106-110.

徐海根，强胜. 2011. **中国外来入侵生物**. 1-684. 科学出版社.

环境保护部自然生态保护司. 2012. **中国自然环境入侵生物**. 1-174. 中国环境科学出版社.

松突圆蚧

Hemiberlesia pitysophila Takagi

与松突圆蚧的战争是一场艰苦的攻坚战。对松突圆蚧防治范围之广、力度之大可以称得上是我国森防史上的大手笔。不过，虽然防治松突圆蚧的办法五花八门，但还没有一种被林农认可并自觉广泛应用。在与松突圆蚧的斗争中，我们取得过阶段性的胜利，但也经常出现松突圆蚧反扑的现象，这种种困难都预示着这场硬战还要一直持续下去。

美丽的圣诞树

圣诞树中有恶魔？

有一个美好的传说：在一个大雪纷飞的圣诞夜里，有个穷孩子无家可归，又冷又饿。一位善良的农民接待了他，让他在家里的炉火旁度过了一个愉快的圣诞夜。满心感激的孩子，临行前折了一段杉树枝插在地上，杉树枝立刻就变成一株小杉树。孩子对农民祝福说："我留下这棵美丽的杉树，报答您的好意。从今后，年年此日礼物将挂满枝头。"农民这才明白那个孩子原来是一位上帝的使者，这个故事就成了圣诞树的来源。在西方，不论是否基督徒，过圣诞节时都要准备一棵圣诞树，以增加节日的欢乐气氛。

近代圣诞树起源于德国，后来逐步在世界范围内流行起来，成为圣诞节不可或缺的装饰物。在圣诞节前后，人们会用圣诞灯和彩色装饰物装饰一棵常绿植物，并把一个天使或星星放在树顶上。圣诞树一般采用的都是天然的杉树、松树或柏树等常绿树种。

随着国际贸易的加强，经常会发生圣诞树在国家和地区之间来回调运的情况，在这个过程中，引入的可能不仅仅是美丽和欢乐，伴随而来的还有可能是灾难。不幸的是，这种可能就发生在我国的港澳地区。

20世纪70年代末期，在我国港澳地区的松树上发现了一种非常不起眼的，从来没见过的"小虫子"。它们的个头很小，体长仅有1毫米左右，甚至还没有一个芝麻粒大，用肉眼都很难分辨，但它带来的麻烦可不小。自从它"不请自来"之后，就让我国南方各地森防部门的工作人员大伤脑筋，在与它进行了长达几十年的斗争后，至今仍然无法战胜它。而这种"小虫子"主要是由日本输入的松树圣诞树携带进来的。

那么，在美丽的圣诞树中到底隐藏着什么样的恶魔呢？

奇特的松突圆蚧

藏在圣诞树中的这个恶魔，名叫松突圆蚧 *Hemiberlesia pitysophila* Takagi，是一种危险性极大的国内、外检疫性害虫。它的身体虽然极其微小，但在分类学上，却与我们熟悉的蝉、蚜虫等昆虫是近亲，都是隶属于半翅目的昆虫。不过，松突圆蚧可以说是半翅目昆虫中的一个奇葩。它隶属于盾蚧科突圆蚧属，因为寄主为松树，故称"松突圆蚧"。由于它长时间无休止地吸食植物汁液，在长期的进化过程中，变成了永久的植物"寄生虫"，其身体结构也相应地发生了很多变化，其中有两点最为奇特：一是"男貌女才"，即雌虫和雄虫的相貌大不相同，而且雄虫比雌虫漂亮很多；二是雌虫和若虫会把身体"装在套子里"。

蝉和蚜虫是松突圆蚧的近亲

"男貌女才"的动物不少，比如我们常见的孔雀、鸳鸯等，雌雄个体之间的区别非常明显，但是像松突圆蚧的雌雄成虫那样差别巨大的却并不多见。它们成虫的样子完全不同，甚至会让人怀疑它们到底是不是同一个物种。

让我们先来看一看雄成虫的长相。客观地说，它还算是比较漂亮的，身体为橘黄色，身形细长，有一对薄如纱且闪着金属光泽的白色前翅，后翅则像苍蝇、蚊子那样退化为一对棒棒糖状的结构，名字叫作平衡棒。它的足发达，有6条"大长腿"。在头前部，有长鞭状的触角，一般为10节。雄虫还有一个典型的特点，就是没有"嘴巴"，因为它的口器已经退化了。

雌成虫的相貌与雄虫相比可是大相径庭，而且身体外面多了一个套子。俄国著名作家契诃夫笔下有个"装在套子里的人"，松突圆蚧的雌虫就是一个“装在套子里的虫”，而这个套子就是一层像“盔甲”一样的介壳，这也是它的“蚧”或者“介壳虫”这个名字的由来，同时也是雌成虫和雄成虫的区别之一。

契诃夫的小说《装在套子里的人》

先看看套子下面的雌成虫吧。相对于雄虫来说，被介壳包裹的雌虫要难看多了：宽梨形的身体光秃秃的，呈淡黄色；头部和胸部愈合，腹部的分节也模糊不清，尤其是腹部后半部几节愈合成一整片的骨片，叫作臀板；没有漂亮的翅，触角和足几乎完全退化，短疣状的触角只剩下了1节。不过，雌虫的刺吸式口器不但没有退化，反而相当发达，其口针特别长，超过了身体的几倍，可以轻而易举地吃到远处的食物。

看来，和蚊子相似，松突圆蚧的雄虫是没有能力伤害植物的，它的一生仅仅是为了与雌虫交配，完成传宗接代的任务而已。而真正对植物造成危害的则是雌虫以及各种形态的幼虫。由于松突圆蚧幼虫的形态基本上和成虫相似，所以它的幼虫通常被称为若虫。

再来说说这个“套子”吧。在松突圆蚧的发育过程中，除了卵和雄性成虫以外，其他各个虫态的身体都装在一个套子里，也就是说雌虫一生和雄虫幼期都有介壳，介壳上还有早龄若虫蜕的皮。

这些介壳是怎么来的呢？原来自从卵中孵化后，若虫就不断分泌蜡质，蜡丝把身体盖住后就增厚变白，从而形成了介壳。在松突圆蚧发育的不同阶段，介壳形态也不一样，雌虫以及雄若虫的介壳也不完全相同。雌成虫的介壳圆形或椭圆形，并稍微隆起，直径约2 毫米左右，包括背

带介壳

被掀去介壳

松突圆蚧的雌成虫

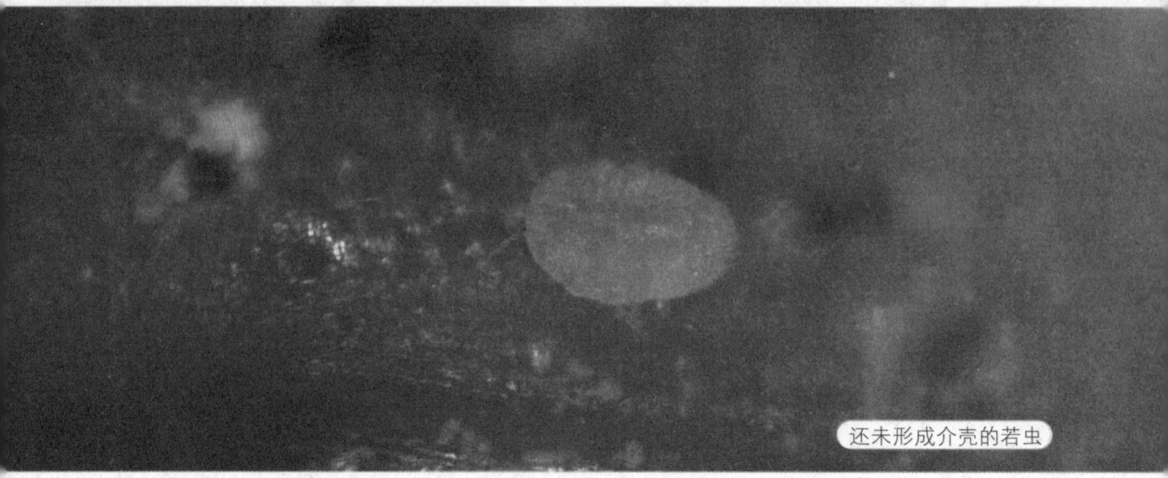

还未形成介壳的若虫

面和腹面两部分，覆盖在身体背面的介壳较硬，就像古代武士用来保护自己的盾牌一样。介壳包括第一龄和第二龄的蜕皮壳2个，以及一层丝质分泌物，外观看起来介壳上好似有三圈明显的轮状：一般来说，中心橘黄色，内圈淡褐色，外圈灰白色。身体腹面的壳薄而脆弱，是由臀板腹腺分泌物所形成的。

雄若虫的介壳比雌虫的小，也较细长，为长椭圆形，前端稍宽，后端略窄，长度不到1毫米，淡褐色，有一个白色的蜕皮壳，位于介壳前端中央。尾端扁平，蟹青色。1、2龄若虫蜕皮的壳为橙黄色，偏于介壳一端近边缘部分，略有环状带纹。

松突圆蚧的一生

松突圆蚧不仅雌雄成虫的形态大不相同，而且雌雄个体的变态发育过程也是不一样的。雌虫属于渐变态发育，一生经过卵、若虫、成虫等3个不同的虫态。雄虫则属于过渐变态发育，一生经过卵、若虫、预蛹、蛹、有翅成虫等5个不同虫态。

松突圆蚧的卵为椭

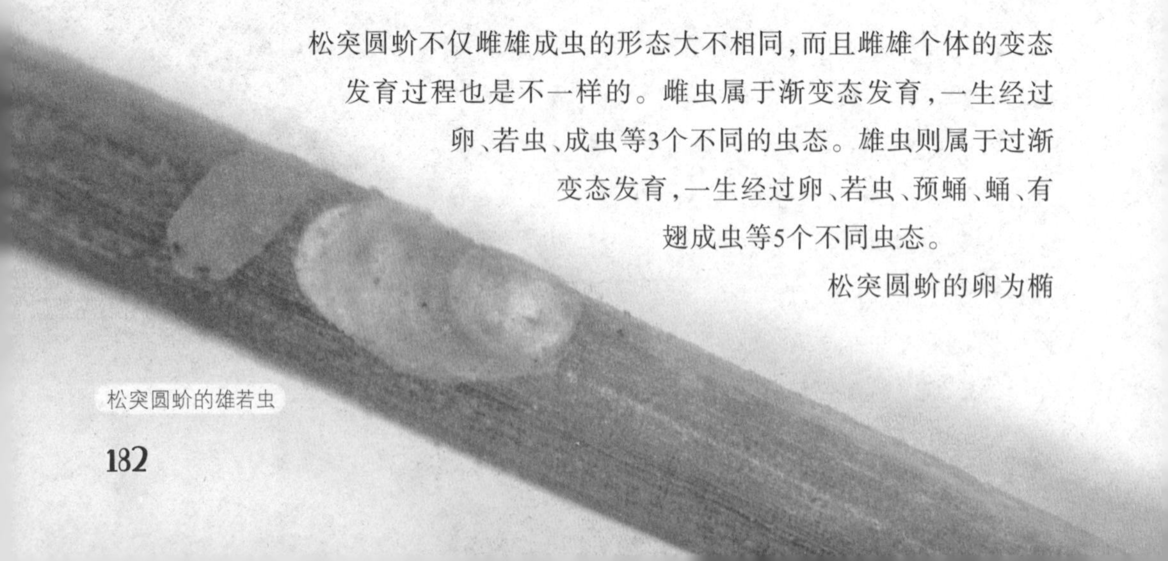

松突圆蚧的雄若虫

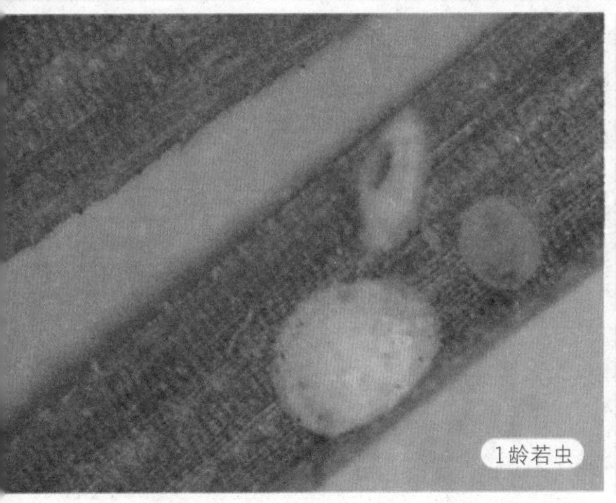

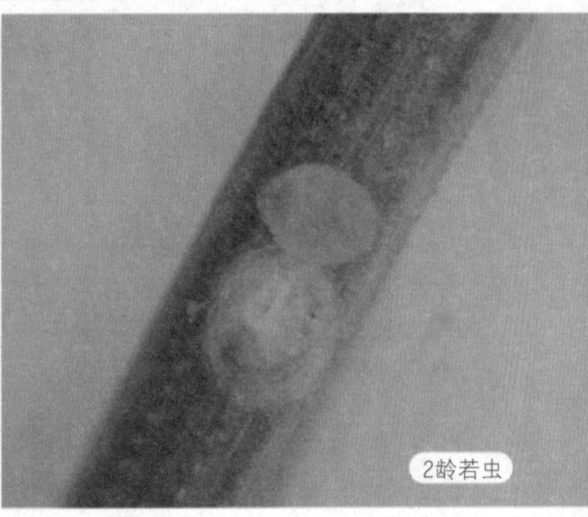

松突圆蚧的1龄和2龄若虫

圆形，表面有细的颗粒。它的卵期很短，产卵和孵化几乎同时进行。刚从卵中孵化出来的若虫一般先在“妈妈”的介壳内停留一段时间，靠这个介壳来遮风避雨，等环境条件适宜时，才从介壳的裂缝中爬出来。1龄若虫为淡黄色，呈扁平的卵圆形，有触角4节，基部3节较短，第4节长，还有3对发达的胸足。刚出壳的若虫对眼前的世界显得很好奇，它们在松针上来回爬动，非常活跃，一旦找到合适可口的食物就把口针插进植物中固着在那里取食。从孵化出来到固着一般需要1～2个小时。固着之后，若虫就开始不断分泌蜡质，大约20～30小时就可以盖住全身，一两天后蜡质逐渐变厚变白，就形成了一个介壳。

别看成虫差别如此之大，它们小的时候其实是“男女”不分的。到了2龄若虫后期，它们才开始有了雌雄分化。性分化前的松突圆蚧

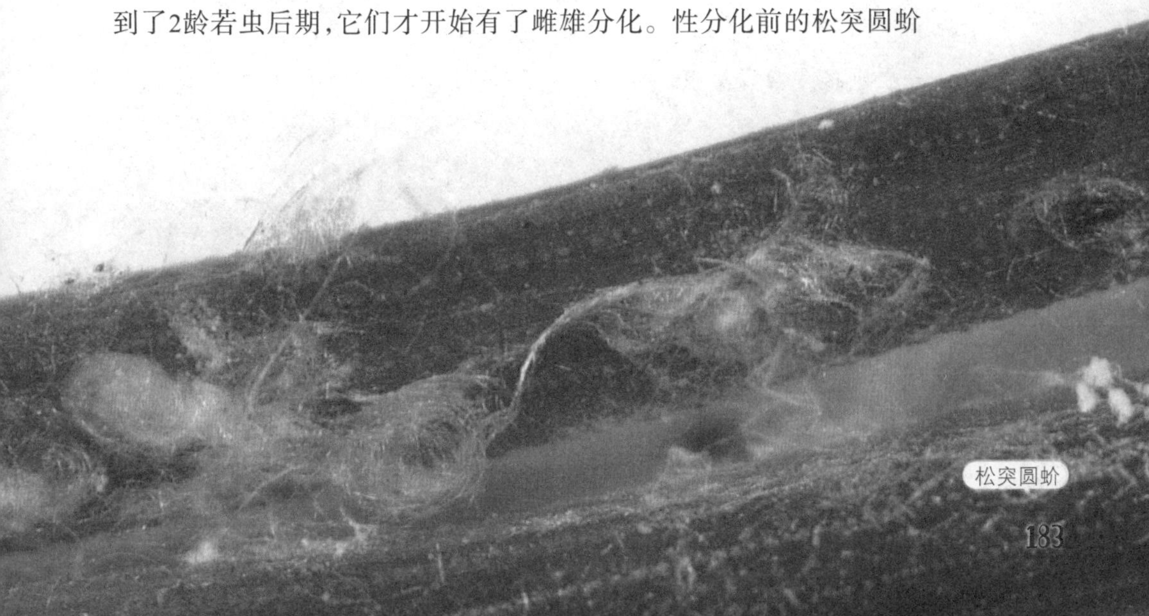

近圆形，淡黄色，足完全消失，触角退化只留遗迹，腹部末端出现了臀板，其外形近似雌性成虫。性分化时，一部分若虫走的是“男性路线”：蜡壳颜色加深，继续发育为黄色的棒槌状预蛹，后端略小，继而出现了一些成虫器官芽体如触角、复眼、翅、足和交配器。预蛹蜕皮后成为淡黄色的蛹，触角、足及交配器淡黄色而稍显透明，口器也完全消失。蛹进而羽化为雄成虫。走“女性路线”的另一部分若虫则虫体和蜡壳继续增大，不显眼点，外形看上去和雌成虫差不多，蜕皮后就成为雌成虫。“男女分化”的决定因素似乎和寄生的植物部位有一定的关系：寄生在叶鞘内的若虫多发育为雌虫，寄生在针叶上和球果上的若虫则多发育为雄虫。

知识点

孤雌生殖

自从生物进化出有性生殖以来，自然界绝大多数生物都是采取两性生殖的方式繁殖后代，但是有一些生物在特殊的情况下却会放弃这种方式，而采取一种被称之为孤雌生殖的方式产生后代，其中的代表有昆虫、蜥蜴、鱼类和一些植物，尤以前者最为典型。孤雌生殖是指雌性个体产下的卵不经雄性受精就能发育成完整新个体的生殖方式。引起孤雌生殖的因素有可能是遗传的，也可能是外来的，如环境的变化或者受到共生菌的感染等。孤雌生殖与农林害虫的快速传播具有很大的关系，因为只要有一只雌虫传播到适合的环境中，就能独立完成繁殖并建立种群，导致这种害虫的传播和扩散变得非常难以控制和防治。

雄成虫从蛹中羽化后，一般要在介壳内蛰伏1～3天。从介壳中出来大约几分钟后，它们的翅就可以完全展开，然后沿着松针爬行或做短距离飞翔，去寻找自己的配偶，急切地完成传宗接代的任务。一旦遇到中意的“新娘”，马上就进行交配，再过几小时，它们就死去了。雄虫出现的时间虽然很短，但却可以进行多次交配。

雌成虫一般在交配后10～15天后开始产卵，产卵期为1～3个月不等，产卵量也随着季节、代别的不同而不同，以第1代和第5代最多。

除了两性生殖外，松突圆蚧还可以进行孤雌生殖，即雌虫在不交配的情况下，也可以自行产生后代，多数为卵生，少数为卵胎生。

松突圆蚧全年都可以繁殖，没有明显的越冬行为，在我国广东南部，它一年发生5代，世代之间有严重的重叠现象，任何一个时间都可见到各虫态的不同发育阶段。每年3～5月是松突圆蚧发生的高峰期，9～11月为低谷期。

松树的噩梦

松突圆蚧对松树情有独钟，主要寄生在松属植物上，可以为害多种松属植物，如马尾松、黑松、湿地松、火炬松、本种加勒比松、洪都拉斯加勒比松、巴哈马加勒比松、南亚松、琉球松、光松、短叶松、卡西亚松、晚松、展叶松、裂果沙松、卵果松等。在日本，松突圆蚧的主要寄主是琉球松；在我国南方的广东、广西、福建和香港、澳门地区，松突圆蚧的主要寄主植物是马尾松、黑松、火炬松、湿地松、加勒比松等。不同种的松树受害程度不同，以马尾松受害程度最严重，其次是黑松。

马尾松

黑松

松突圆蚧的危害有一定的隐蔽性。若虫和雌成虫成群地隐藏在松树针叶基部的叶鞘内，在叶鞘内或针叶、嫩梢、球果上吸食汁液。从外面似乎看不到很多的介壳，但撕开叶鞘后，有时就会看到密密麻麻的介壳和黄色的1龄若虫。松突圆蚧可使寄主的针叶和嫩梢生长受到抑制，严重影响松树造

黑松

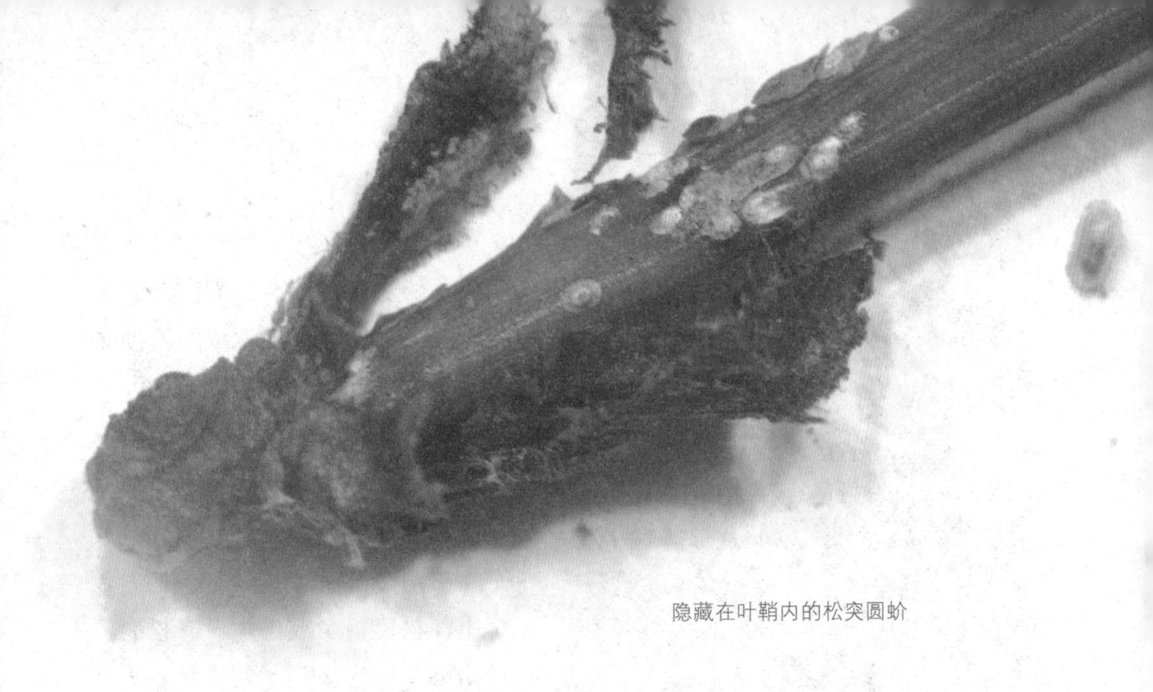

隐藏在叶鞘内的松突圆蚧

脂器官的功能和针叶的光合作用，使受害处变色发黑，缢缩或腐烂，松针枯黄，受害严重时针叶脱落，新抽的枝条萎缩，变短、变黄。如果它们连续为害几年，可造成松树全株或连片枯死。

松突圆蚧的危害还具有一定的迷惑性，也就是说，它们刚入侵时由于密度低，行动就像特务一样，虽然危害工作一直在进行，但从松树的外表看来一切正常，松针的颜色也没有改变。

实际上，平静的大海下面却波涛汹涌。等到远看松林呈灰绿色，近看针叶多数无绿油油的光泽，有的植株明显抽短梢，针叶偏短，枝条上有开裂、流脂现象时，这时松突圆蚧已经瞒天过海，神不知鬼不觉地在我们的眼皮下生活了两三年了。如果这时不加以控制的话，松林就会慢慢发生变化，远看松林一片灰黄，就像被火烧过一样，

松突圆蚧入侵后，脱落的松枝

松突圆蚧入侵后，枯死的松树

基本看不到绿色。林地上有大量脱落的松针，树木上不抽梢或抽出短梢，或抽出的梢头自然弯曲萎垂；针叶明显比正常植株的短，甚至不到正常松梢长度的一半，叶鞘内、针叶中部、嫩梢或新鲜球果上都有松突圆蚧存在；濒死或死亡的松树松脂停止流动，割脂时流出的松脂极少或根本没有松脂溢出。从灾害呈现期到松林毁灭变成疏残林，一般只需要2～4年。

这个如此猖獗的"小虫子"并不是我国本土的昆虫，而是来自日本的冲绳、先岛诸岛等地。

虽然大部分文献都普遍认为，我国的松突圆蚧是1982年首次在珠海市的马尾松林内发现的，但实际上，早在1978年它就已经出现在香港，翌年又在广东被发现。因此，松突圆蚧应该在20世纪70年代后期就已经侵入了我国。

松突圆蚧在我国广东沿海一带"登陆"后，一发不可收。它们借助于气流的传播，以半弧形辐射状的形式向内地席卷而来，传播蔓延的速度非常快：1983年松林受害面积11万公顷，1986年约31万公顷，1987年增加到40万公顷，到1990年底发生面积已达71.8万公顷，造成13万余公顷的马尾松林枯死。它们以平均每年5万到7万公顷的速度扩散蔓延，入侵范围逐渐扩大，危害也日趋严重。

松树是我国重要的用材林和生态林造林树种，也是风景名胜林的重要组成树种，在防风固沙、涵养水源、改善生态环境等方面，一直发挥着先锋树种的作用。马尾松林是我国长江以南地区最主要的植被组成成分，也是我国人造板、造纸、林产化工等林产工业的最主要原料，具有重要的经济、社会和生态效益。

松树是森林的重要组成树种

目前，松突圆蚧已经入侵了我国的广东、广西、福建、江西、澳门、香港、台湾等广大地区，并且存在继续向北扩散的风险，是我国危害较大的外来入侵物种之一，对我国森林资源及国土生态安全构成了严重的威胁，并造成了巨大的生态和经济损失。

松突圆蚧的雌虫没有足，只吃不动，所以它们主要靠第一龄若虫的爬行来分散传播。这样的自然传播范围也很可观，水平距离一般为3～5千米，最远的可达8千米，垂直传播高度一般在100米以下，最高200米。此外，它们还可以靠风力和雨水作近距离扩散。不过，仅靠自身的力量和自然扩散，它们还不至于如此的嚣张。事实上，它们的大肆扩张主要借助了人类的力量。松突圆蚧的若虫、雌成虫主要随寄主原木、苗木、鲜球果、盆景等调运作远距离传播，其中也包括本文开头提到的圣诞树。

人虫之战

自从松突圆蚧传入我国后，为了保卫马尾松等松树林，人们使出了浑身的解数，与它们展开了旷日持久的“殊死作战”。

对于目前松突圆蚧的疫区来说，首先需要严格做好检疫工作，杜绝松突圆蚧扩展新的疆土。疫区的松树苗木、枝条、针叶和鲜球果等要禁止向外调出，在疫情发生区内砍伐的原木或枝条一律就地作薪材、纸浆材使用，或者就地销毁，一定要把人为传播因素降低到零。松树进行调运时，应仔细检查其植株、松针、鲜球果、枝条、针叶上甚至是运载工具上是否携带有松突圆蚧。一旦在检疫过程中发现了带虫的苗木等，应该及时用药剂处理甚至就地销毁。对于尚未发现松突圆蚧分布的地区，尤其是与疫情发生区毗邻的松林，要加强监测。

单一的寄主松林如马尾松纯林，不仅为松突圆蚧提供了大量的食物，而且会加剧它们的传播。所以，我们在营林措施上要营造混交林，降低松突圆蚧的虫口密度，增加其传播难度。及时清除零星分布的刚感染松突圆蚧的松树，可达到清除虫源，控制松突圆蚧传播蔓延的目的。同时还要加强森林的保健措施，提高松树自身的抗虫能力。加强松脂采割管理，对松突圆蚧为害严重的松林禁止采割松脂；加强对松林其他病虫害的防治，但在应用化学防治时不要使用广谱性化学药剂，以避免伤害其天敌；对松突圆蚧为害比较严重的重灾林区，应该进行小面积改造，重新营造阔叶林或针阔混交林。

近年来，在实施病虫害综合防治研究中，有关抗虫松树品种的研究受到人们的重视。不同寄主对松突圆蚧的抗性也不同，加勒比松、湿地松等树种，不论是抗性还是耐害性都显著优于马尾松、火炬松、南亚松等树种。例如，广州白云山的松树品种对松突圆蚧的抗性从强到弱依次为：湿地松、加勒比松、马尾松。

化学防治是我国20世纪80～90年代应用最广的方法，也一直是防治的重要手段，例如，利用飞机喷洒松脂柴油乳剂，或者运用杀扑磷、氧乐果、毒死蜱等有机磷杀虫剂的单剂或复合药剂，能够快速遏制小范围内密度较大的病虫害。但是，由于松突圆蚧有松针叶鞘和体表蜡质介壳的双重保护，掩蔽性强，化学防治时，一般的触杀药剂难以到达虫体，防治效果不是很理想。只有具有渗透性或内吸性的杀虫剂对松突圆蚧能起到较好的防治效果。因此，化学防治时最好

被松突圆蚧为害后的松枝

给树木“打针”

选用具有对其介壳有强渗透性或内吸性的杀虫剂，可以采用给松树“打针”的方式进行。打针时先用一台专用机械给树体钻10多个直径10毫米左右的小圆孔，然后往里面注入“内吸性虫线清”药液，透过从树根往树身输送水分的管道，达到杀虫的目的。给病树打针只适用于少数特殊的对象，比如拯救非常有价值的古树等，大面积铺开是不可能的。总的说来，化学药剂毒性大，成本高，操作困难，对环境污染严重，害虫容易产生抗药性，无法起到持续控制害虫的作用。

虫虫之战

为了增加胜算，人类在与松突圆蚧进行战争的同时，也引入了自己的盟友——松突圆蚧的自然天敌，邀请它们和自己并肩作战，这就是生物防治。

世间万物，相生相克，松突圆蚧再猖狂也有它的死对头。它们的克星大致分为三类：一类是捕食性天敌昆虫，就是专门以松突圆蚧为“点心”的昆虫，如红点唇瓢虫；第二类是寄生性天敌昆虫，也就是生活在松突圆蚧的体内，以它们体内的营养为生的昆虫；最后一类是病原真菌，就像冬虫夏草一样，菌类在昆虫体内寄生，最后置松突圆蚧于死地。

利用松突圆蚧捕食性天敌进行防治的较少，目前只有红点唇瓢虫和圆果大赤螨等少数几种。红点唇瓢虫是一种在我国广泛分布的多食性天敌昆虫。成虫和幼虫能够捕食果树、花卉上5科38种介壳

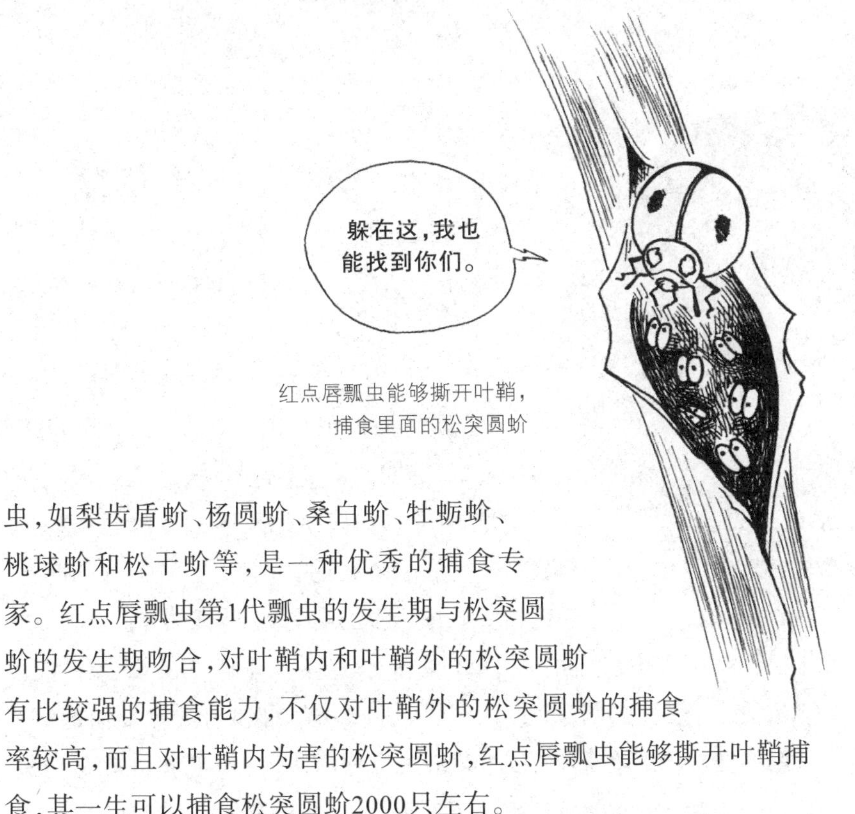

红点唇瓢虫能够撕开叶鞘，捕食里面的松突圆蚧

虫，如梨齿盾蚧、杨圆蚧、桑白蚧、牡蛎蚧、桃球蚧和松干蚧等，是一种优秀的捕食专家。红点唇瓢虫第1代瓢虫的发生期与松突圆蚧的发生期吻合，对叶鞘内和叶鞘外的松突圆蚧有比较强的捕食能力，不仅对叶鞘外的松突圆蚧的捕食率较高，而且对叶鞘内为害的松突圆蚧，红点唇瓢虫能够撕开叶鞘捕食，其一生可以捕食松突圆蚧2000只左右。

利用松突圆蚧寄生性天敌进行防治是比较成熟的方法，其中应用最广泛的就是松突圆蚧花角蚜小蜂了。松突圆蚧花角蚜小蜂原产于日本，在日本冲绳岛的琉球松上，它主要寄生于松针叶鞘内的松突圆蚧雌虫体内，对林间松突圆蚧的危害具有很好的控制作用。1989年，我国广东省从日本引进了松突圆蚧花角蚜小蜂用于松突圆蚧的生物防治，在疫情发生区林间繁殖松突圆蚧花角蚜小蜂种蜂，然后就地释放，取得了较大的成绩；随后大规模进行人工助迁扩繁，使松突圆蚧灾害得到较好的遏制。但随着害虫发生时间的推移，本地寄生性天敌种类和数量不断增加，松突圆蚧林间天敌种群结构发生较大变化，广东本土的友恩蚜小蜂和黄蚜小蜂初步适应并成为松突圆蚧的优势寄生蜂，松突圆蚧花角蚜小蜂在林间的优势地位逐渐被取代，加上特殊气候等因素的影响，加速了松突圆蚧花角蚜小蜂种群的下降。从1998

松突圆蚧的天敌
——花角蚜小蜂

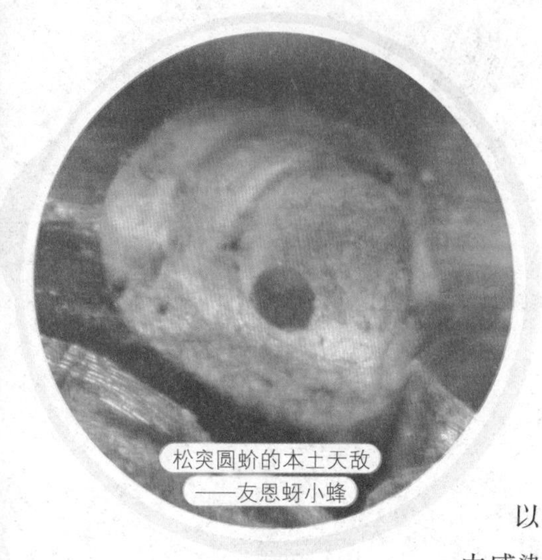

年开始，松突圆蚧花角蚜小蜂大量死亡，造成断代，目前在广东松林中已无法找到它们，其作为天敌的自然控制作用大大降低。

利用虫生真菌防治松突圆蚧是一个新的以菌治虫的方向，它具有对环境友好，害虫对其不易产生抗性以及对人畜无害等优点。广布拟盘多毛孢菌是一种可以致松突圆蚧死亡的真菌，能在一周多的时间内感染松突圆蚧致死，可有效控制其虫口。

人类与松突圆蚧的战争是一场艰苦的攻坚战，在化学防治上，使用的药物剂型涉及了粉、烟雾、水和超低容量油剂等，运用的器械有喷雾器、喷烟机、超低容量喷头、高压喷淋机甚至飞机等。在生物防治方面，松突圆蚧花角蚜小蜂的引入和繁殖都投入了庞大的人力、物力和资金。因此，对松突圆蚧防治范围之广、力度之大可以称得上我国森防史上的大手笔。不过，虽然防治松突圆蚧的办法五花八门，但没有一种被林农认可并自觉广泛应用。因为它

松突圆蚧的雌虫就是一个“装在套子里的虫”，而这个套子就是一层像“盔甲”一样的介壳

们个体小，若虫、成虫均藏身于松针叶鞘内为害，很难发现它们的虫体，加上刚入侵时危害症状不明显，很容易忽略对它们的防治。松突圆蚧身体还有蜡质介壳保护，在化学防治中，药水、药粉难与虫体接触。此外，松突圆蚧还可以通过人为运输、气流作远距离的传播，不容易控制在一定的区域内集中消灭。从日本引进的寄生蜂在我国遭遇水土不服，不容易长期定居，而我国乡土的天敌寄生蜂虽然也有几种，但它们寄生的松突圆蚧比例较少。松突圆蚧的生命力很旺盛，孕卵雌成虫在砍伐后的松枝上能存活30～69天，雌成虫即使在砍伐后的枝叶中曝晒10 天，其存活率仍达70%以上。这种种困难都预示着要打赢这场战争着实不易。

在与松突圆蚧的斗争中，我们取得过阶段性的胜利，但也经常出现松突圆蚧反扑的现象，这场硬战还会一直持续下去。

（李竹）

黄金水，汤陈生等. 2006. **红点唇瓢虫生物学特性及其捕食功能的研究**. 武夷科学，22(1): 155-160.

万方浩，李保平，郭建英. 2008. **生物入侵：生物防治篇**. 1-596. 科学出版社.

李文禄，黄宝灵，吕成群. 2011. **松突圆蚧研究进展**. 中国森林病虫，30(2): 33-37，41.

朱健雄. 2013. **松突圆蚧危害及传播的研究**. 林业科技，38(2): 41-44.

环境保护部自然生态保护司. 2012. **中国自然环境入侵生物**. 1-174. 中国环境科学出版社.

张青文，刘小侠. 2013. **农业入侵害虫的可持续治理**. 1-395. 中国农业大学出版社.

摄影者

李湘涛　杨红珍　李　竹　徐景先　黄满荣
杨　静　倪永明　张昌盛　毕海燕　夏晓飞
殷学波　王　莹　韩蒙燕　刘海明　刘　昭
刘全儒　黄珍友　张桂芬　张词祖　张　斌
梁智生　黄焕华　黄国华　王国全　王竹红
黄罗卿　杜　洋　王源超　叶文武　王　旭
杨　铃　蔡瑞娜　刘小侠　徐　进　杨　青
李秀玲　徐晔春　华国军　赵良成　谢　磊
王　辰　丁　凡　周忠实　刘　彪　年　磊
于　雷　赵　琦　庄晓颇